精緻時髦彩妝 絕美潮流指標

輕瘋漫步巴黎街頭，香榭里舍大道上往來穿梭的時髦魅力身影，正是時尚精品Givenchy紀梵希經典創意的優雅寫照；想要盡情體驗紀梵希的絕世奢華，奧黛麗赫本在經典電影中的出色服裝造型，瞬間驚艷妳我的目光焦點。紀梵希擅於以完美配色與創意剪裁設計打造名媛仕女非凡丰姿，全新亮麗登場的Givenchy Le Makeup紀梵希魅力彩妝系列，極致閃耀時尚精品般的彩妝饗點，結合完美優雅的妝效、精緻獨創的質感以及引領時髦最前線的繽紛彩調，讓法式優雅與美式清新齊放活力一同旋舞，在摩登與炫麗的時尚國度盡情揮灑繽紛色彩，喚醒視覺感官極快歡悅的多元無限享受！

Small is Beautiful 妝彩全新質感紀元

體驗優雅性感的多重美麗風貌，什麼是今夏最為美麗的風情？答案就在於法國紀梵希魅力彩妝系列獨特舞動的精彩！多元化的色調詮釋與想像，帶妳進入色彩與光影的瞬間變換，與時髦妝彩共譜浪漫心境，藉由色彩的疊染，讓不設限的魅力妝感盡性炫耀出奇本色，創造多變魅力，重溫誘美追情的女性本色，淋漓呈現最為令人難以捉摸的時尚表情，為妳找到無限變幻的遊戲密碼。

親膚率彩 G Looks魅力試色

米棕色象徵和煦溫陽的溫柔浪漫，引人縫繕生命中悸動的甜美時分，法國紀梵希魅力彩妝系列以獨到的底妝創見，藉由淨擇妝感展露真我本性，展現最為完美極緻的柔甜彩調，以米棕色4G標誌打造出色明媚底妝，傳達女性內心深處多變求新的美麗綺願，完美無瑕的品味粉妝，讓膚色一整天綻放明亮動人的光采，理想的親膚質地，徹底展露女性自信優雅的美麗倩影。

色彩大師 徐躍之老師
「基因色彩.com」作者

造就米棕風尚

米棕色調所呈現的是一種自然、健康、陽光的美好印象，當米棕色轉換而為女性打造出色妝容的完美底妝時，粉底就夠立即為心情「上妝」，補充情緒與心靈的極場強度，女性一旦輕撲粉底，心境馬上起著轉變，因此它可說是營撫情緒的妙方，讓都會女郎隨性在不同心情的轉變中，找到自己所希望呈現的一面。由色調能量營養學的角度來說，色彩大師徐躍之老師分析指出：「米棕色貼近膚色，能夠展露一股令人植獲的美好氣色，選擇米棕色系的底妝妝效，具有跟一般的撫慰功效，可使心情開朗，同時穩定情緒的起伏，另一方面，米棕色也具有繪的同等效能，可使肌膚更加光亮緊緻，富有彈性。」

Small is beautiful 紀梵希綻放柔膚踏嫩

- 紀梵希魅力粉底液，全天候控制油光，是擁有清新、自然妝容的魅力關鍵，感光微調粒子及珍珠母微粒，可隨著周圍環境的光線變化自動調整膚色，使肌膚綻放明亮光采，同時提供肌膚保濕與彈性功效，以及SPF20紫外線防曬係數的長效保護，共有6個色還，忠實呈現妳的無瑕膚色。
- 魅力兩用粉餅，含LVMH紀梵希實驗室獨家研發的粉嫩光色複合物，著色力超強，是完美粉妝的絕佳保證，結合了兩種油脂分泌調節因子，可調適各種濕度狀況下的膚質，藉由特殊超微細粉化技術，創造出精緻的粉質顆粒，並添加抗乾燥成份，具有保濕滋潤、鎮靜安撫的功效，而SPF20紫外線防曬係數更為肌膚提供持續長效性的紫外線隔離，共有4色，為妳的膚色提供理想絕配。

魅力精品彩妝 時髦玩色創意

延伸濃醇巴洛克品味風尚的精緻質地，調和現代感十足的歐式流行彩妝基因，GIVENCHY le makeup 紀梵希魅力彩妝系列匯集彩妝趨勢焦點，輕俏轉化魅力感度十足的流麗造型，以令人驚豔的精巧體積與精品級包裝的細色演出，賦予甜美世代精品級的彩妝體驗。在紀梵希彩妝色彩創意總監Nicolas Degennes尼古拉斯．迪恩的巧手變幻下，所有的妍彩呈現出不同於以往的嫵亮表情，散發出視線留戀停駐的魔力。感受前所未有的繽紛彩意，紀梵希讓妳輕鬆變妝，自在上色！

Small is Beautiful 都會妝彩新美學

迷你寶貝永遠是流行舞台鎂光燈的焦點，Small躍然成為迷人風韻的美麗代名詞，紀梵希魅力彩妝系列為妳精心打造私人秘境，詮釋時髦小巧的都會妝彩新美學，並由嬌美、恭勒優雅演繹精緻輕柔的流行彩妝新概念，在這座夢想女神的瑰麗華美樂園中，迷你精巧創造女性獨一無二的美，讓妳時時刻刻驚遊燦亮多變的美麗風貌。

豔色．綺情 G Looks媚麗新紀元

紅色明豔、粉彩綺情，恣意漫遊時髦彩妝國度，法國紀梵希魅力彩妝系列豐富了美妍玩家的妝扮趣味，以紅色4G標誌打造誘人豔情，傳達女性與生獨具的性感魅力，挑逗男性內心深處的慾望；隨性染畫嫣紅纖指，展現女性繽寵自我的玩色心情；輕輕撲上粉紅蜜彩粉盒魔力，粉嫩美膚瞬間展露無與倫比的健康亮度，呈現豔光四射的時代魅力。

色彩大師 徐躍之老師
「基因色彩.com」作者

透視紅．粉色彩能量

紅，粉是展現女性魅力的專屬色
能量大師徐躍之分析指出：紅色
活力，是傾訴女人味特殊魅力的
色調能量營養學的角度來說，選
妝彩，與服用苦香素、黃酮素具
可促進身體的代謝循環，血液循
易害羞的人，適合以紅色的色彩
健康狀況加分。粉色展露了年輕
的特性，是創造女人特質最基本
使人放鬆、惹人憐愛，就色調
害，粉嫩色調如同一座色彩讓他
況肌膚，呈現絕妙好氣色。

Small is beautiful 紀梵希染繪時尚最前線

- 紀梵希魅力唇膏，分為亮采、潤澤、晶燦3大系列，提供36種色彩選擇
的植物油與礦物蠟，由澳薩精油萃取物與山茶精油所調製的獨家保濕複
潤、舒緩鎮靜雙唇，長效持妝，精緻色澤可持續5小時。
- 紀梵希魅力指甲油，提供20種色彩選擇，純淨、明亮，呈現飽和濃密色
成完美無瑕的均勻色層，並添加維生素B5，可活化強健指甲表面，預防
- 紀梵希魅力蜜彩粉盒，推出4款色系組合，每款各含4色粉餅組合，其
調，1色用於修飾膚色，另1色則可創造粉嫩妝效，經過超微細粉化技術
粒子及珍珠母微粒，增添肌膚明亮光彩。

跟着色彩大夫学搭配

徐跃之◎著

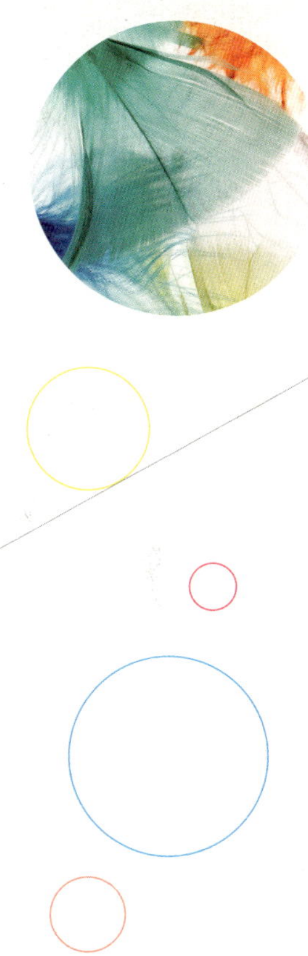

译林出版社

目录 CONTENTS

Chapter 2

你是什么颜色的女人？“基因”给你答案 / 81

序言　穿错色彩是导致女人情路坎坷的最大败笔

你喜欢跟流行吗？

不论你是喜欢跟流行还是很会掌握流行，千万不要觉得自己很厉害！毕竟，你在爱情路上能否走得顺遂，是否得到幸福，都跟你身上的衣装（色彩）有绝对的关系，千万别一味地盲目跟从，否则你的美好人生将会被商业挂帅的“流行”给搞得一塌糊涂。结果，留下的只是“惨不忍睹”的人生。

这是千真万确的，别以为我在恐吓你。如果没有 20 年的色彩临床经验，看尽无数女人一生的爱恨纠葛，我才不会如此断言。

所以，如果你想让自己和另一半快乐、幸福地走下去，就别再随性、随心情、随流行且没有章法地乱穿衣服了，特别是穿错了属于你自己的爱情色。

但是，大部分女性都穿错了，所以我们看到一幕幕悲剧因女性身上错误的衣装不断上演。接下来我要跟你讨论的是，怎样穿才能拥有幸福爱情与美好人生。

当季节转换，流行服饰开始热卖，而此时也是整个环境的大磁场改变的时候。现在，女性的穿着变得多元化，料子种类也变多了，可是布料的尺码却大大缩水，服装的颜色变得极端和强烈，黑色成了年轻男女的主色，点缀着大胆的桃红或刺眼的黄、绿、紫。别以为这些微色彩的转变不值一提，实际上早已搅乱了整个人类秩序。放眼当今社会不论男女，劈腿、偷情等现象竟已经见怪不怪。一直有爱家好男人之称且形象清新的“台湾之光”王建民不也沦陷了?!

我们仔细地回想过去，再认真地观察现在——这样的社会乱象跟现在年轻女孩的打扮和已为人妻的穿着是否有相对关系?当女人把自己打扮得一个比一个辣，非得在事业线的长短上拼出高下，露股、露沟并不自觉地把身体物化的同时，真正获利的是谁?还不是你们口口声声咒骂的那些臭男人!最后还要怪这些男人不专情?难道你们不知道是现代女性自己把这些臭男人的胃口养大的?整个错乱竟是在你们自以为性感、自以为跟得上潮流的穿着中引爆的。

可是，你以为既然保守时代的穿着能够使家庭和谐，让女性的爱情有幸福感，我就会鼓吹你以当时的衣着为范本再穿回去?那是不对的!因为时代不同，解决问题的方式也会不同。唯一可以做的就是从现代女性的错误穿着中寻求改善，从过去女性的成功衣着中找到精华。

是什么力量左右了女人的爱情？

流行元素影响了女人的爱情和社会结构的变化。除了每一款服装自有的特殊性外，关键就是“色彩”！怎么说呢，欧美科学研究证明，每一种色彩都是一种能量，这些能量通过不同频率传达，它会改变人的磁场，影响人的判断和思考。而女人与男人之间，便是通过这种磁场与磁场的相互影响，产生出一连串的爱恨情仇。这种被色彩催化后的磁场，正在编织着一段又一段女人的爱情故事。

就拿过去流行的色彩来说吧，不是黑、灰就是驼、白。所以身为流行先驱的你不妨仔细想想，这些年你的爱情成绩单是否有点令人心虚？那段无法令人满意的恋情是否让你不堪回首？

然而，近年流行的粉嫩色彩，是否会让

你再一次渴望真爱的来临，却又感觉不够踏实呢？

所以，如果你是一个喜欢跟着流行或是精准掌握流行的女人，那么就往往容易沦为社会现象的最佳女主角。因为：

1. 当季流行的服装款式及色彩不见得适合你的真实个性或职业，恐怕会造成潜意识的自我冲突。

2. 色彩往往是流行周期里强调的主轴，对于女性情感层面的影响最直接。但是每季流行主色缺乏多元性，容易造成色彩偏食。

女人时常在这样的盲目跟从中跟好男人擦身而过！最惨的是遇人不淑，明明身旁的人已经不断告诫你要离开那个人，你却可以猪油蒙心一般地跟那个烂男人纠缠不清？！穿错色彩实在很可怕！

其实流行的本质是健康的，它是一种不老的运动，但智慧的流行观应该是有所选择的；而这个选择的本质，就在于每个人都有属于自己的“基因色彩”，根据女人本

身的“基因条件”与各个客观条件来取舍，绝非一味地照本宣科。其实，你适合穿着所有的颜色，更准确地说，只要选对适合你“色味”的色彩，就既可以穿得出色，又可以跟得上潮流，绝对是CP值超高的必学知识。所以，你不知道你是什么基因色彩？甚至还一直穿错当季流行色，让它成为你个人能量释放上的一种阻碍吗？当你了解每一种色彩所具有的能量以及这些色彩和你的爱情之间密不可分的关系，相信你就会是那个掌控流行兼掌握幸福和爱情的女人了。

穿着配色，配出“不后悔”的爱情

配色，是一门学问。千万别学时下那些造型师给你的建议，否则你就停止阅读这本书，因为我要教你的方法是“有机”的，是可以帮助你改变自己、解决问题的。如果你不断跟随那些所谓最 in 的穿着方式，那么最终你只是不断重复别人的错误，会一再令将来的自己不堪回首！

所以，我要告诉你，女人的爱情和每天身上所穿的颜色有极密切的关系。

一般人都认为只要你是个美女就一定会有人追求，爱情路自然可以顺顺利利。但我并不这么认为，更何况“美女”并没有所谓的标准和模式，我们又怎能去界定孰为美，何为丑？而且美的最高层次岂是美艳、亮丽几个字可以形容的？幸福的爱情自然不会只是美女的专利。重点是，一个女人不是有人追就好，能吸引好男人来追求才是我要你努力的方向。

颜色形塑女人，爱情运大不同

一个习惯穿着粉红色洋装的女性，在情感上倾向于体贴细心、善解人意，偶尔会跟另一半撒娇的小女人。这样的女性自然会有不错的异性缘。

倘若相同的女人换成穿着深蓝或黑色套装，给人的感觉就大大不同。她在事业经营上可以保持理性而冷静，且能适时展现专业方面的权威，但在情感路上，她们可就显得孤寂且乏善可陈了。

因为这样的女性多半会被异性当作事业上的竞争对手或共事伙伴，不会有男人将她列入追求的名单。毕竟任何一个男人都不希望另一半的工作能力和自己相当，更别说是超越自己。男女平权的意识虽早已抬头，但男人终究是男人，“女强人”的头衔，除了恭维外其实还多了几分挑衅及不以为然！然而，这类属于强势的女性，还是会吸引一些无才无能却又故作风流、只会靠女人吃软饭的豆腐男。

一个打扮性感入时且总是喜欢穿着以桃红及黑色系

为主的服装的女性，不是没有人追求，只是，爱情这条路走得并不顺利——要不介入别人的恋情，成了惹人嫌恶的小三；要不就是招惹一些有妇之夫，使得自己的爱情生活被搞得毫无质量。

所以，你能说颜色和女人的爱情没有任何关系？

Chapter 1

一直遇到烂男人，
就是因为这样穿

一般人都认为，美女身旁绝对不乏追求者，但重点是，美女不怕没人追，只怕追求的人不对、优不优秀或适不适合自己？目前仍当红的单身女星，她们长得不够美吗？还是穿得不够时尚？她们为什么总是感叹自己找不到好男人？

相信你我都曾听说，对面张家的女儿明明长得不是很漂亮，却遇到一个好男人，嫁去婆家后生活美满，生了两个胖娃娃，不但老公疼爱，婆婆也把她当自己女儿看待。

可是，你也一定听说过，陈家的女儿会读书、学历好、有才华，人又长得漂亮，可是婚姻路走得辛苦。五年前嫁给一位科技公司的工程师，两年后生了一个女儿。夫妻俩在同一家公司工作，先生却搞外遇，还把小三带回家。陈小姐只好选择离婚，带着女儿独立生活，成为单亲妈妈。

由此，我们得出一个结论："美人不一定会有美命、好命！这一切都要靠自己经营。"

说到经营，这可就是一门学问了！我就是要把这门通过改变衣装色彩让幸福爱情来临的学问教给你。

I love you

前面我提到，当红女星也会感叹找不到好男人，所以千万别把明星的穿着奉为圭臬。很多女生就是很“假搞”（自以为很厉害），不断研究知名艺人的穿着，觉得只要跟她们一样就会有人追求。

有人追又如何？如果错误的装束只会吸引苍蝇、蟑螂，那么不要也罢！

六大色彩偏食症，会使你招惹烂男人上身！

偏食海军蓝，会招来对你需索无度，却不知付出的烂男人

海军蓝，一般被称为深蓝，是种阳刚味挺重的色彩。它蕴含着专业、责任和凡事一肩扛的意义，一般用于男性套装，特别是下半身的部分。英国皇家海军在 1748 年将它作为制服的颜色，因此得名。不知何时，它也成了许多职业妇女的最爱，以致许多担任高级职务的女性都会有一套海军蓝的服装。当一个适用于男性身份的色彩成为一个女人的基本配备时，男人必然会忽略她原有的女性柔软的一面，甚至不知道她也需要有人疼爱。难怪偏食这个颜色时，接近你的男人只会索求，而不知什么

海军蓝适用于午后型的张曼玉

Dr. G-Color's Classroom

色彩大夫徐跃之告诉你，关于海军蓝的色彩档案

Navy Blue

G-Color System

健康能量指数：5%
事业能量指数：90%
人缘能量指数：40%
生财能量指数：80%

Color File

色系：深蓝色系。
色味：带蓝色味。
穿对能量：专业、负责、使你更有担当。
穿错能量：累死自己，抑郁与不满。
基因色彩：适合午后型的人穿着。

“色味”是由色彩大夫徐跃之独创的分色方法，也是色彩的第四个性格。

是付出了。

泰瑞莎是一家食品公司的行政主管。公司规定基层员工至主管级一律都得穿着制服上班：主管的制服是海军蓝套装，一般员工的则是带灰的墨绿色。

结婚十年的泰瑞莎说："婚姻像是我的爱情坟墓，从决定跟这个男人生活在一起时就感受不到他的温柔了。"她回想他们恋爱的那段日子，约会时他会帮她拎包包，过马路会牵她的手。如果要去看电影，他也一定会事先做好功课，问她想看什么，然后再订票。外出用餐也是如此。她想，这样的男人不嫁，还能嫁给谁？所以当他开口跟她求婚时，她毫不犹豫地点头了。

女人其实都一样，当感情稳定时容易安于现状。平常爱打扮的人开始变得懒散，觉得反正都结婚了，除了工作还要打扮给谁看呢？所以，下班回家一定先脱掉一身的束缚，换上公司配给的运动服——颜色和套装一样是"海军蓝"。她心想，反正回家就是做家事嘛，穿得轻松比较重要。然而，生活总不如想象中简单。婚前，这个男人把她当小公主，婚后却把她当"金主"，不断地剥削她，嫌她家事做得不够好，还以各种名义要求她支付家中的开销。她无奈地说：“我不知道问题出在哪儿？男人婚前婚后是否都会两个样？”其实，并非如此。她们公司有一位采购小姐，婚后她先生对她比婚前还好！

女人命好不好、婚姻幸不幸福，从穿着可以找到答案。

泰瑞莎婚前跟老公约会时都会精心打扮，婚后却忽略了这些细节，加上她在家里常穿着海军蓝色居家服——别以为无所谓、没关系！色彩牵动着人与人之间的情感联系。所以，忽略色彩的重要性只会让这男人不把她当女人看待。仔细想想，因为用色不当使自己的命变得不好真的不值得。

偏食桃红，会招来爱劈腿又自以为是的烂男人

桃红有个俗名叫“胭脂红”，也叫“艳紫红”。当你偏爱它时，会令身旁的男人对性失去克制力，也就等于你间接地纵容他不断劈腿。所以，当桃红色成为流行的

桃红色适合黑夜型的王菲

Dr. G-Color's Classroom

色彩大夫徐跃之告诉你，关于桃红的色彩档案

Panther Pink

G-Color System

健康能量指数：50%
事业能量指数：80%
人缘能量指数：20%
生财能量指数：60%

Color File

色系：粉红色系。
色味：带蓝色味。
穿对能量：真诚、直率、不做作。
穿错能量：常会不小心得罪人、个性大剌剌。
基因色彩：适合黑夜型的人穿着。

"色味"是由色彩大夫徐跃之独创的分色方法，也是色彩的第四个性格。

主色时，千万要确认你是否能穿。否则，当你发现另一半劈腿时，请别太意外。

夏绿蒂是个非常喜欢桃红色的女生。衣柜里三分之二的衣服都是桃红色的，内衣更是非桃红不穿。她虽然有秀气的外表，个性却大大咧咧，说话直又不会拐个弯。所以人们很容易误解她，除非跟她很熟。在感情路上，她不乏追求者，毕竟有张不错的娃娃脸，很讨男生喜欢。然而，奇怪的是，谈了几段恋情都没有结果。因为每一段感情不是被人劈，就是自己劈了别人。她甚至认为这就是她的人生。直到鉴定过基因色彩，夏绿蒂才发现原来她最爱的桃红色完全不适合自己。虚心接受我给予的颜色建议后，她认真穿着，才体会到被自己喜欢的男人全心呵护和疼爱的感觉。色彩反映人的性格，却也左右女人的运气。正如我常说的："性格决定命运，而色彩却天天左右我们的性格。"不当地偏好某些颜色只会让自己掉入没有真爱的恐怖旋涡里。

苹果绿适合清晨型的林志玲

Dr. G-Color's Classroom

色彩大夫徐跃之告诉你，关于苹果绿的色彩档案

Apple Green

G-Color System

健康能量指数：100%
事业能量指数：50%
人缘能量指数：100%
生财能量指数：100%

Color File

色系：浅绿色系。
色味：带黄色味。
穿对能量：喜欢新鲜感，生气盎然。
穿错能量：个性不定，只想玩玩。
基因色彩：适合清晨型的人穿着。

"色味"是由色彩大夫徐跃之独创的分色方法，也是色彩的第四个性格。

偏食苹果绿，会招来只求新鲜感，玩腻就走人的男人

很多看过我的书的女性，都知道我是全世界最强调不要穿黑色衣服的人。由于论点正确，所以已经有许多不同领域的人跟随。但我还是要强调，黑色固然不好，但也不是所有的亮色都一定好。这几年服装市场受到我的影响，纷纷推出五彩缤纷的服装，特别是苹果绿的。它是一个很挑人的色彩。如果你不是清晨型的人，除了穿起来味道不对外，更容易引起身边男人的喜新厌旧。

洁西卡就是最好的例子。她说她以前都是穿比较保守的中间色调的衣服，听过我的广播节目后，相当认同我对基因色彩的论述，所以，渐渐抛弃过去那种保守的用色，开始换穿较亮色的衣服，如明黄、桃红、亮紫色等，苹果绿尤其是她的最爱。洁西卡说，改变颜色之后桃花运果然旺了起来。不过，虽然追求她的男人变多了，但是每一段恋情都不长久。

她也许用心对待了每段感情，然而身边的朋友却觉

得接近她的男人都只是想玩玩，玩腻了就走人……于是，她开始检讨问题所在，却始终理不出头绪。直到来找我做基因色彩鉴定后，她才发现自己虽然改变了过去保守的色调，却没有穿出对她有益的颜色。毕竟苹果绿最适合清晨型的女性。而洁西卡经鉴定为黑夜型，完全无法展现苹果绿那种可以把男人完全吸附的能量，所以才会让她不断吸引“喜新厌旧，玩腻了就走人”的男人。

不是“穿亮的颜色”就叫作“穿对色彩”！

这是我不断强调的。在没有鉴定出你的基因色彩光源型时，千万别“装厉害”，否则只会弄巧成拙！

偏食驼色系，会招来无趣又俗不可耐的男人

驼色是一个大家族。从米黄、卡其到浅咖啡都可以算是驼色。因为它具有包含稳定与安全的亲和力，所以得到不少女性的依赖。毕竟穿上它会给人一种不会出错

驼色，是最佳的辅色。

容易和各种颜色搭配！但千万别将它视为主色使用

Dr. G-Color's Classroom

色彩大夫徐跃之告诉你，关于驼色的色彩档案

Camel

G-Color System

健康能量指数：50%
事业能量指数：80%
人缘能量指数：20%
生财能量指数：60%

Color File

色系：驼色系。
色味：带黄色味。
穿对能量：务实、稳定、负责任。
穿错能量：贪婪，懒散不积极。
基因色彩：适合清晨型的人穿着。

“色味”是由色彩大夫徐跃之独创的分色方法，也是色彩的第四个性格。

的安全感。然而就是这样的安全感会使男人缺乏斗志、安于现状，久而久之变得乏味又无趣。所以如果你是个狂穿驼色的女人，千万别怪罪身边的男人无聊又俗气！

35 岁的茱丽亚婚后把生活重心都放在工作上，所以为了方便穿着和搭配，衣柜里几乎都是驼色系的服装。她的理由是穿这类衣服看起来稳重不轻浮，而且简单好搭配。相信这些理由对忙碌的职业女性来说绝对是难以抗拒的。说好听点是省时、省事，说得难听叫“贪图方便，不用心”。女人真的不能太懒，只要一懒肯定出事。

当茱丽亚把驼色系作为穿着的主要色系时，她发现了一个问题。以前每逢假日前夕，老公就会开始计划这个周末去哪儿玩，做哪些活动。然而随着她的工作变得繁忙，再加上怀了身孕，他们的生活就愈发枯燥和无趣。甚至以前常被同事誉为“阳光大男孩”的老公，身材开始走样，生活品位也愈来愈差，下班回家不是守在电视机前看些没营养的节目，就是边看节目边大肆批判、高调评论，要不就是开着电视躺在咖啡色的沙发上呼呼大睡。这些行径在茱丽亚看来实在无法忍受，却又无可奈何！毕竟这已经不是一两天的事了。在茱丽亚调整色彩的过程中，她回想起来，曾是“阳光男孩”的老公今天会变成这般模样，似乎跟她衣橱里的颜色有些关系。所以，为了挽救腐臭又停滞的婚姻，她痛下决心将衣橱那些毫无生气的驼色系衣服全数打包，并进行了“有机”色衣物的补充。

偏食粉红色，会招来没有担当、凡事都赖给女人的瘪三

很惊讶吧？你以为只有穿深色系衣服的女人才会命不好？其实穿错粉红色的歹命排行也不遑多让。这就是确认基因色彩的重要性。粉红色可以有几种类似却不同类别的差异，所谓类似就是它们都叫粉红色，可是虽然长得像，其实还是不一样。因为色味带黄或带蓝的关系，类别就有所不同了，因此有粉橘、粉桃色、芭比红等这些粉红色家族。所以穿错了粉红色会让你身边的男人变

Dr. G-Color's Classroom

色彩大夫徐跃之告诉你，关于粉红色的色彩档案

Pink

健康能量指数：70%
事业能量指数：20%
人缘能量指数：80%
生财能量指数：80%

Color File

色系：粉红色系。
色味：带蓝色味。
穿对能量：使你青春年轻，渴望被爱。
穿错能量：常犯公主病，让人退避三舍。
基因色彩：适合午后型的人穿着。

"色味"是由色彩大夫徐跃之独创的分色方法，也是色彩的第四个性格。

得软弱不积极，遇到事情双手一摊，全都赖给你。

在这里要提醒的是，很多人认为粉红色是温柔的，是代表女人的颜色。其实，如果你是清晨型的人，穿上带蓝色味的粉红色，不仅会失去温柔感，甚至还会给人感觉很强势。你若是黑夜型的人，穿上带黄色味的粉红（又称粉橘色），不但会让黑夜型独特且神秘的魅力消失，还给人懦弱和依赖的感觉。

辛莉亚就是最好的例子。在还没鉴定出基因色彩之前，她超爱穿粉红色，尤其是像糖果一样鲜艳的粉红色。因为从小妈妈就告诉她粉红色是小公主的颜色，因此直到二十六岁她都很钟爱。二十六岁是渴望爱情的年纪，她内心多么希望自己有人疼、有人爱啊！不过，这对辛莉亚来说竟是“空中楼阁”。因为这个正在跟她交往的男生以及前几任男友都令她有一种没爱对人的感觉。刚开始恋爱时，他们都对她百般呵护，所以每段恋情开始时，她都告诉自己：“对了，对了，就是他了！”可是每每不到三个月，臭男生就不自觉地破绽百出、原形毕露。

让辛莉亚最不能忍受的就是“妈宝”。他们做事不但没担当，还总是有事没事回家问妈妈。事情做不好也要怪辛莉亚没说清楚，把过错都赖给她。这让渴望有个肩膀可以依靠的她只得摇头。

鉴定过基因色彩后，辛莉亚才知道糖果般的粉红色适合午后型的人，而清晨型的辛莉亚应该穿粉橘色。鉴定的过程让她恍然大悟。没想到色彩对女人的爱情影响这么大吧？当你发现自己“爱不对人”时，要快点检查一下是不是穿错色彩了！

偏食黑色，会招来坏心眼只想利用你的男人

黑色，让人看不见事情的真相。为什么那么多胖哥胖姐喜欢穿黑色？因为它可以暂时藏拙。然而藏了又如何？终究还是要面对。如果你深爱穿黑，小心！你容易招来只想利用你、算计你的坏男人。因为你身上的黑蒙蔽了你的智慧，让你看不到男人的坏，甚至还会把男人的使坏基因全给引诱出来。

Dr. G-Color's Classroom

色彩大夫徐跃之告诉你，关于黑色的色彩档案

Black

G-Color System

健康能量指数：- 30%
事业能量指数：20%
人缘能量指数：- 80%
生财能量指数：±100%

Color File

色系：黑色系。
色味：带蓝色味。
穿对能量：神秘、专业。
穿错能量：对健康与人际具杀伤力。
基因色彩：适合黑夜型的人穿着。

"色味"是由色彩大夫徐跃之独创的分色方法，也是色彩的第四个性格。

3颗快成熟的苹果从树上摘下，分别盖上红色布、白色布以及黑色布，置于光源下经过十天后，分别打开被覆盖不同色布的苹果：

▶ 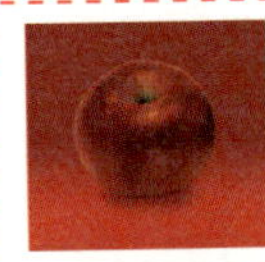

红色

是一个能量很强的色彩，透过红色布所有光源都可以全然被吸收，但因为能量过强，所以会产生“过熟”的现象。

▶ 

白色

则透光率很好，藉由吸收和释放产生能量均衡，是一个很健康的色彩。所以，盖白色布的苹果与树上苹果同时成熟。

▶ 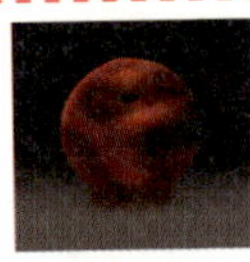

黑色

则阻隔了有利光源的吸收，当然生命体得不到足够的养分而日渐萎缩。2001年欧美互联网医学报告指出，常穿黑色内衣的女性是最容易罹患乳腺癌。

色彩大夫教室

科学证明:色彩就是“光”本身，并会产生波动的频率!
我们就像这颗苹果一样，每天都穿着有色彩的衣服。
你还想继续穿错颜色，不对颜色的衣服
天天影响你的健康、工作、情感、人际吗?

珍妮弗和时下的女生一样，超喜欢穿黑色。她觉得自己身材肉肉的，穿黑色会显瘦。黑色的服饰也让她感觉自己很时尚。基于这些理由，她变得非黑不穿。说来奇怪的是，喜欢穿黑色的人就不容易再去接受其他彩度或明亮度较高的颜色，所以她的磁场出现严重的破损。正能量进不来，负能量出不去。渴望拥有爱情的她，多么想要一个能力不错又正派的男性伴侣啊！但是在她的恋爱历程中出现的多半是故作风流、爱摆排场、腹中空空的烂男人。倘若只是遇上个草包也罢，偏偏在去年经历的是让珍妮弗人财两空的恋情。

这个男生是她在夜店认识的，当晚两个人都喝多了，旁边的朋友们起哄，要那叫杰克的男生送珍妮弗回家，结果这一送就送两人上了床。经过那一夜缠绵，珍妮弗心想："这大概就是一夜情吧？"所以离开时礼貌性地给了杰克手机号码，以为事情就这样子了。没想到，当晚他就传了微信给她，在几句关怀的问候之后，约她第二天一起吃晚餐。珍妮弗当下就答应了。

其实经历过几段坎坷的恋情，哪个女生不希望下一个男人会更好？偏偏珍妮弗这次竟遇到一个空心萝卜，一个一肚子坏水的烂男人。一开始这个叫杰克的男人对她温柔体贴，让珍妮弗无法招架，取得她信任后就不断打探她的底细：他先是了解珍妮弗的工作及职务等，最后连她的存款都了如指掌。

其实珍妮弗是她们公司的超级业务员，工作能力相当强，几年下来买了属于自己的房子，也存了点钱。可是，一切就坏在这段感情，这段感情让她变得几乎一无所有。这个杰克说，自己是某旺族的富二代，但不希望成为啃老族，所以自己出来创业，不过由于这两年不景气，公司资金周转有些困难，于是跟珍妮弗开口借钱应急。珍妮弗大概被爱冲昏头了，二话不说就给了。可是一次、两次……他像无底洞，短短三个月就把珍妮弗所有的积蓄都拿走了不说，连房屋都拿去抵押借款了。谁想到三个月后，这位大少爷一夕之间人间蒸发，让珍妮弗再也找不到人。那时她才清醒。不过，早已人财两失了。

珍妮弗的故事，我们似乎耳熟能详，为什么这样的故事会一再重演？因为，一个演员能将戏演得好，除了演技以外，戏服也传神！每个女性为何都有属于自己的爱情故事？因为你服装的款式和颜色已在为你铺陈你自己的爱情故事。穿对了，美丽荣华；穿错了，颠簸坎坷。所以，你想要的爱情故事的质量，是可以通过你自己的穿着及颜色来决定的。

摆脱苦情女枷锁，七匹恶狼的好色点全透析

第 1 匹　小气难改、一毛不拔的男人最喜欢穿什么颜色？

虽然女性主义抬头，女权高涨，女人在职场上的发挥完全不输男性，但台面上的情况终究不能代表女人的所有。即使再强势，相信你还是不希望遇到一个喜欢占你便宜又小气的男人。小气的男人真的很讨厌。所以，你不妨花点时间观察。如果他以棕色系或黄色系为主要的穿着颜色，那么你可要注意了。他会是一个对金钱没有安全感，而且还会跟你斤斤计较的人。如果他的衣着是咖啡色的，还夹杂着暗灰调的绿色服装，你也要小心了。这个男人目前应该有财务上的问题，没钱也会让他变得很小气噢！

PASSPORT

第 2 匹　一错再错、知错不改的男人最喜欢穿什么颜色？

其实谁都会犯错，“知错能改，善莫大焉”。大家都愿意给犯错能改的男人一个自新的机会，然而如果机会给太多，他就会不断地犯同样的错。看起来会变好，却始终没改变，不也等同于无可救药？女人最怕遇到这种男人，一旦遇上了，就像掉进无底深渊般万劫不复。若要避免走进这场烂戏里，你可要睁大眼睛，观察一下这男人是不是常穿着灰色系的上衣，或偶尔穿有明显的条纹及藏青色的服装。如果有，你可要跟他保持距离，除非你受得了一再犯错，也一再认错，最后仍是死性不改的烂男人！

第 3 匹　劈腿成性的男人最喜欢穿什么颜色?

真正花心的男人用肉眼是看不出来的。所以，如果你以为一个男人很花心，这往往可能是一场误会，除非你有充足的证据。俗话说“会叫的狗不咬人”，应该就是这道理。看一个男人花不花心，交往后会不会劈腿，从外貌上是不易辨识的。男人会不会花心的秘密藏在平常看不到的内裤里。不过，你别以为所有的男人干坏事都是因为精虫冲脑，其实很多男人也是很重感觉的。如果你发现他特别喜欢穿红色内裤，偶尔也有黑色或浅蓝色的，那表示他近期有偷吃的可能噢！如果他一直都喜欢穿黑色内裤，却突然换成红色的，这也是劈腿的征兆。

第 4 匹　毒舌成瘾的男人最喜欢穿什么颜色?

他好像很爱你，处处为你设想，但是容易嘴巴不留情，说好听点是“刀子嘴，豆腐心”。当对方把这一切变成习惯，而你也默默接受，那么，可怕的日子即将来临！所以，除非你有装聋作哑的功夫，否则，对这种男人还是敬而远之。要提防这种“杀人不用刀”的坏男人，你可以注意一下他平日的穿着：是不是很爱穿深蓝色的西装裤，偶尔搭配白色 POLO 衫；有时也喜欢穿绿色或豆沙红的上衣。若有这类打扮的男人，可要小心提防！也许他吐口口水都会把你毒死。

第5匹　缺乏责任感的男人最喜欢穿什么颜色？

这种没担当的男人势必会愈来愈多！由于少子化及父母的溺爱等原因，很多男生几乎不知道什么叫负责任、什么叫吃苦。所以，想找个负责任、有担当、会照顾你一辈子的男人，难度将愈来愈大。未来女性挑选伴侣可要睁大眼睛，察言观色一番。

你一定想知道缺乏责任感，遇到重大事情就推得一干二净的男人到底最喜欢穿什么颜色吧？其实，我想告诉你的是穿什么衣服的男人比较值得依靠。如果从服装款式来看：穿衬衫的男人会比穿T恤的优，穿合身T恤的又胜于穿宽松T恤的。至于色彩方面，穿深色的比穿浅色的好，责任感较高（黑色不在此范围）。值得依靠的颜色排序：深紫大于墨绿，墨绿大于粉红，粉红大于深蓝。

第 6 匹　习惯暴力的男人最喜欢穿什么颜色？

女人天生就是要给男人疼、男人爱的。所以，若遇到那种不懂疼惜外加暴力的男人，可就是人间悲剧！当然，男人施暴实在不可取，可是一个巴掌拍不响，除非是天生的“练家子”，否则遇到暴力男，女性本身还是要负些责任。毕竟“女人动舌头，男人就动拳头；女人动脑子，男人就会变成乖孙子。”运用智慧是女人在紧张的两性关系中，非常重要的策略。如果你不想当人肉沙包被白 K 的话，还是要睁大眼睛。他会是暴力男吗？不自觉爱动粗的男人最喜欢穿红色，特别是酒红和较暗的红。然而光从一个颜色来判定他就是暴力男，的确不客观，也容易不准。所以，你必须再花些时间观察，不过要以他的休闲服来判断，这样较为精准。除了红色以外，暴力男也喜欢穿黄色。他们喜欢的是带点橘味的黄，还有彩度较低的土黄色及黑色，偶尔也夹杂绿色。由此可见，暴力男会动粗，而他们的内心深处也充满委屈。不过，无论什么原因，动手打人就是不对。

第 7 匹　任性、幼稚又孩子气的男人最喜欢穿什么颜色?

你的男人若有赤子之心，会让人觉得可爱又善良。然而，过度地表现天真会让人觉得幼稚、不懂事。如果你不想少一个可以依靠的男人，多一个幼稚任性的儿子来给自己添麻烦，就该好好地检视一下这个可能成为你包袱的大男孩最喜欢穿什么。

从穿着的颜色可以看到一个人的真性情，我们每天都在通过衣服暴露自己内心的秘密。幼稚、不成熟的男人最爱穿什么？首先，还是得从休闲服来观察。最常见的就是，他们喜欢有卡通图案的衣服，任何卡通人物图像都在显示这个男人童心未泯。其次，从衣服的款式也可以看出端倪，尤其是短 T 恤。他们最喜欢那种有收袖口的设计。那样的设计确实会让人觉得年轻有活力。色彩方面，孩子气较重的男人最爱穿粉彩色系的衣服。因为穿上那些颜色以后，他们可以恣意地耍赖和任性，简直忘了自己是个有担当的大男人。

你用错7件脏东西，让好男人始终走不进来！

第一件　衣柜——没有帮助爱情的衣服

时装界曾流传一句话：“一个女性懂得穿着并不表示她的事业一定成功；但一个不懂色彩的女人，她的人生注定失败。”

现在，太多女人的衣柜简直像杂货店一样“包罗万象”。她们看到什么就买什么，很少思考，多半会冲动消费。结果，一柜子都是连标签都没拆掉和想穿却又不知如何配搭的衣服。不管你如何买，如何穿，重点是你穿出幸福来了吗？答案是：没有。不然，爱情的世界里不会出现那么多痴男怨女。

所以，一个女人希望感情美好，有人疼，有人爱，

那么清理你的衣柜是迈入好命人生的第一步。要知道，生活的每件事都跟你的衣柜有关，因为衣柜里装的都是你做不同的事、见不同的人、达成不同目的时的“战袍”。然而“战袍”的色彩是决定你能否打赢这场仗的关键。人们说“情场如战场”，这不是没有道理的。当你不断埋怨好男人走不进你的世界时，为何不回家看看自己的衣橱？仔细想想，你为自己的爱情做了多少努力？赶快去鉴定“基因色彩”，确认后尽快把影响你爱情的第一件脏东西清干净吧！

第二件　化妆包——唇膏、眼影颜色不对，吸引烂桃花

化妆，是女人祈求爱情的一个重要环节。“女为悦己者容”不正是这个道理吗？在化妆术并不那么发达的过去，常常看到许多女性化妆前后差别好大。要不就是妆太浓不自然，要不就是唇膏、眼影颜色不对，让人感觉不舒服。

即使到了现在，这样的问题仍会发生。很多女生抱怨男友不喜欢自己化妆。其实，女人妆化得好绝对可以加分，但如果没搞懂化妆的重点，那干脆别画蛇添足。

如何才能化出让人赏心悦目的好妆？其实重点仍然在颜色的选择上。为什么会给人妆太浓的印象？问题就在粉底上。多数女性还是迷信“一白遮三丑”的观念，却忽略了“自然就是美”的原则。如果挑选的粉底太白，使粉底的颜色超过原来的肤色，看上去就

会感觉妆浓。粉底的挑选绝对是一门学问！不过，你也别太担忧，一旦入门了，就可以一劳永逸。

有的时候，明明用的是今年最流行的色系，但化在脸上被人说看起来好凶、好厉害。你想，同事都看不下去了，更何况是想追求你的男人？所以，如果你的化妆包里躺着黑漆漆的或深蓝或深紫的眼影，赶快丢掉！丢掉！这些都是招惹烂桃花的脏东西，一定要丢掉！

好的化妆技术可以在爱情路上给你加分，让你遇见好桃花。化错颜色的妆只会让桃花不开，烂人一直来。真的会很烦！

第三件　床——床上用品颜色不对，苍蝇、蟑螂一直缠

床不只是睡觉的地方，也是女人勾住男人灵魂的据点。哪个男人追求女人不是从“上床”这档事开始去想的？可是，你以为每个女生都爱整洁吗？其实不然，调

查发现很多女生的床令人惊恐。她们的床可怕到什么程度——你无法想象！可怕到上床前得拨开杂物才能有一席之地休息的地步。如果你连自己的床都不想上或上不了，如何把男人掌握在手中？更别说要抓住他们的灵魂了。

既然床在女人的圆满爱情里有举足轻重的地位，你就绝对不要忽略这个据点。除了要避免上述情形外，被单及枕头套的颜色也是不可不留意的。女人想要爱情顺利发展就别用水蓝、紫色或黄色的床单，这些都是让你的爱情路不顺的脏东西，丢掉！丢掉！还有有卡通图案的床单，也一并丢掉！丢掉！因为没有任何好男人会喜欢心智未熟的小女生。如果床单有大花或条纹，也要丢掉！丢掉！大花会让你的爱情只出现过客，送往迎来，像用飞利浦熨斗熨过一样不留痕迹；条纹会让你的爱情太重原则而乏味无趣。这些影响爱情的脏东西都该丢掉！丢掉！

第四件　内衣内裤——颜色穿错了，误把冯京当马凉

内衣内裤的颜色对男人和女人的影响完全不同。女性的贴身衣物分为上和下，上是内衣（胸罩），下是内裤。而男性只有内裤，难怪有人说“男人是下半身思考的动物”。女人比男人复杂些，除了会用下半身思考，还重视精神及心灵层面。因此，虽然内裤的颜色重要，但内衣的部分才是左右女性判断男人好坏的关键。女性的乳房也被尊称为女人的“第二颗脑袋”，既然是如脑袋一般重要的器官，包覆它的颜色就相当重要。女人想要在爱情路上开启智慧、睁大双眼，绝对不能让这对胸前的“车头灯”灭

了！所以，如果你正穿着黑色内衣，那么建议你快点脱掉！脱掉！如果可以的话就顺手把它丢掉！丢掉！

除了黑色内衣，那些暧昧不明颜色的内衣，如灰紫、灰绿、灰蓝，及叫不出名字的颜色的，都一并丢掉吧！别让你的心灵明灯雾蒙蒙的。

第五件　鞋子——穿错鞋子的颜色，为情伤钱又伤心

女人的鞋子在身体的卦位上属“坎位”，影响着存款和女人的价值。所以，在爱情的路上一双不起眼的鞋决定你的男人如何看待你。鞋子不一定要买贵的，但一定要买对的。因此，只要是女人，就要千万记得一件事：“不方便，人家才不会把你当随便！”可是偏偏很多女性图方便，喜欢穿些轻便的鞋。当然，如果你为了工作“求快”，我是不反对啦！但是，有什么事比“求好”更重要呢？女人一定要有至少一双像女人的鞋，否则容易遇人

不淑，爱错人，甚至辛苦攒下的积蓄还会被男人花光。如果你要求好，就先把那些很man或很像去做水泥工的，像当苦工或要去开卡车的鞋丢掉！丢掉！

第六件　皮包、皮夹——颜色不对，使你银行账户少几个零

别以为这是在恐吓你。皮包和皮夹在我们的身体卦位中属“巽位”，“巽位”就是财位。它不只左右女人的财运好坏，也决定你遇到的男人是只想利用你贪你的财，还是能力很好且会给你钱。这是很实际的问题，爱情和面包是可以同时存在的。皮包的颜色决定你的运气噢！如果你不想步其他大姐的后尘——被男人骗、人财两失，那么快点丢掉那个会害你的脏东西。首先，看看有没有酒红色的包？如果有，快丢掉！除非你是午后型的人，否则第一个人财两失的就是你。其次，再看看有没有用牛仔布做的包。如果有，做牛做马赚的钱还不够他花。

你以为丢掉这两个就够了吗？黑色包也不能留。如果你不希望辛苦赚来的钱花得快，就也丢了吧！

第七件　香水——香水喷不对，招蜂引蝶爱不对

我们曾做过实验，发现香水和人的基因有密切的关系，也就是说，同一瓶香水擦在不同基因条件的人身上，产生的气味也截然不同。比如，香奈儿五号擦在黄昏型的人身上，会有一股清爽得令人心旷神怡的花香味；在午后型的人身上，花香味消失，取而代之的是一股过季腐败的菊花味；在黄昏型的人身上，花香味失去大半；在黑夜型的人身上更绝了，竟有一股在香水成分里找不到的元素的气味！可见香水虽然在情场上是一门绝招，但喷错了，也会变得很糟。

不论穿的、用的、喷的、戴的，好像都跟色彩脱不了关系。如果不想在爱情路上受阻，快点把不对的脏东西丢掉！

色彩的味道

让你品尝酸甜苦辣涩

1. 黑色〔阻碍〕女人的爱情

徐跃之's色彩诊疗室

女性喜欢穿黑色服装，主要是想适度保护和隐藏自己。

在当今男女平等的时代，喜欢穿黑色衣服的女性通常都有不错的工作能力。所以，黑色会让你有一个强烈的认知，那就是凡事都要靠自己努力。除非对方是个能力可以超越你的人，否则你宁可不要爱情。所以这样的黑色情结的确阻碍了女人的爱情。

2. 深蓝〔干扰〕女人的爱情

徐跃之’s 色彩诊疗室

深蓝色是一个绝佳的事业色。但是，如果一个女人经常把这个理性且欠缺融通的颜色穿在身上，那么她在潜意识里，只把男人当作事业方面的对手或工作上的伙伴罢了。因此，深蓝色是容易干扰你爱情的色彩。

3. 灰色〔牵绊〕女人的爱情

徐跃之's 色彩诊疗室

喜欢将灰色服装穿在身上的女性，是个冷静且均衡感很好的人。但是，你比较不易相信别人。所以，你希望遇到那种能够用行动支持你想法，顺着你，许多事情上可以让着你的新好男人。不过，这类好男人并不喜欢经常把自己打扮得很灰暗的女性。所以，灰色总是牵绊着女人的爱情。

4. 白色〔重整〕女人的爱情

徐跃之’s 色彩诊疗室

一个喜欢将白色穿在自己身上的女人，会希望获得别人的爱慕与重视，有点自恋，有点洁癖。如果把白色当作你爱情的色彩，那么你可能希望过独来独往的生活，害怕有感情方面的牵绊，宁可做个自由自在的女人，也不要拖泥带水的恋情。因此，白色让女人重新调整自己的情感步履。

5. 红色〔燃烧〕女人的爱情

徐跃之’s 色彩诊疗室

一提到爱情人们就会想到热情的红色。一个喜欢穿红色的女人比较自以为是，而且企图心很强。在情感方面，总是表现得勇往直前，不肯服输，其实内心害怕寂寞。当你穿起红色的服装，便会毫不掩饰地燃烧自己的热情，勇敢追求自己想要的爱情。只不过，这样的热情多少会令承担不起责任的男性感到畏缩。

6. 黄色〔打开〕女人的爱情

徐跃之's 色彩诊疗室

喜欢穿黄色服装的女性，对自己和别人都很好，而且很有主见。你比较欣赏幽默乐观、相处得来且可以信任的好男人。对于女人的爱情来说，黄色总是最好的开路先锋。所以，想要打开自己恋情的你不妨学习当个开朗知性的“黄色女子”。

7. 蓝色〔创造〕女人的爱情

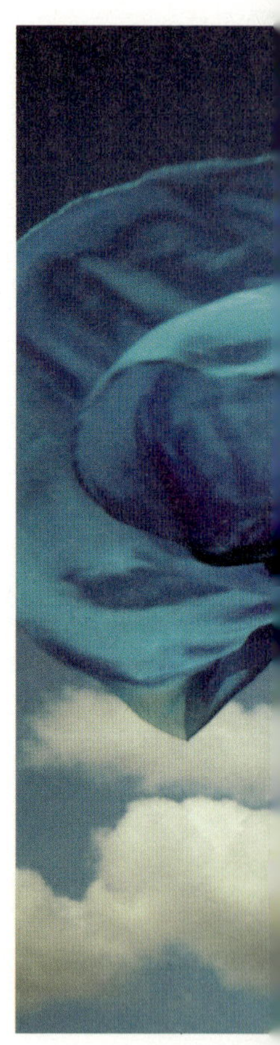

徐跃之's色彩诊疗室

特别钟爱蓝色的女人通常冷静且理智，是个自制力和定力都很强的人。在任何情况下，你都不会失去理智，唯有恋爱时例外。喜欢穿蓝色服装的女性，比较欣赏跟自己一样有创新精神和品位的男子，希望对方能和你一起在工作或事业的经营上共同努力，一起创造。

8. 绿色〔平衡〕女人的爱情

徐跃之' s 色彩诊疗室

常常穿绿色衣服的女性，应该是谦逊平实、不喜欢和人争论的人。你多少都具有不错的社交能力。不过在情感上，你可能曾经遭受过创伤。因此你需要一个可以照顾你身体及心灵的伴侣。

9. 橙色〔操纵〕女人的爱情

徐跃之's 色彩诊疗室

喜欢把橙色衣服穿在身上的女人，常常具有充沛的精力，对自己的爱情很有把握。你习惯用夸张的表情或语调来吸引别人的注意，性格有些善变，内心却有着强烈被爱的欲望。你所欣赏的男性，通常都具有机智灵敏、组织能力强的特质。那些开朗并拥有健康形象的男人更是你追求的目标。

10. 紫色〔解脱〕女人的爱情

徐跃之's 色彩诊疗室

经常穿紫色衣服的女人，个性多半让人难以捉摸，而且天生具有敏锐的观察力。感受力很强的你，总觉得没有人可以理解你。你不要那种黏黏腻腻的爱情及纠缠不清的肉体关系。你要的是一个交心的伴侣或精神寄托。

11. 咖啡色〔稳固〕女人的爱情

徐跃之's 色彩诊疗室

爱穿咖啡色衣服的女人会是安于现状，对未来没有太多要求的人。你可能有过艰苦的生活经验，所以安全和金钱的不虞匮乏是你们追求的目标。在外人看来你有点现实，而且缺乏年轻的气息，但是个值得信赖的朋友。在感情上，你期待的是一个拥有结实臂膀，能保护你，可以让你不受伤害的男子。

12. 桃红色〔煽动〕女人的爱情

徐跃之's 色彩诊疗室

对桃红色爱不释手的女人，总是喜欢随心所欲地做自己想做的事情，说自己想说的话。想到什么就说什么的直肠子个性经常给你带来不必要的困扰，也惹得你在人际关系上处处尴尬。情感方面，你不喜欢受约束，期待有段冒险刺激却并不危险的恋情。当然这样的心态也可能导致一夜情的发生。

13. 粉红色〔期待〕女人的爱情

徐跃之's 色彩诊疗室

喜欢穿粉红色的女人，内心比较脆弱，容易受伤。你心中常常充满了寂寞的感觉，却要勉强自己做出开朗快乐的样子。至于爱情，你经常有些不切实际、不着边际的幻想。在情感方面，你是渴望受到保护的。所以你欣赏的男性多半具有成熟的外表，犹如大哥哥或父辈。粉红色让女人对爱情有所期待。

色彩与女人爱情之间关系的例子，都是发生在我们生活中的，随处可见。色彩对一个女性的意义不只是穿在身上的美丑或流行与否。穿对颜色给女性更积极的意义，带来幸福和好运。用错色彩时，你也许还没有发现有何不妥，但是可能早已和幸福与爱情擦身而过。

你是否总是抱怨为什么爱情还不来，甚至还怀疑好男人是不是死光了？为何追求者尽是些阿里不达（不正经）的怪叔叔？这一切都是你用错色彩惹的祸！

一个女人可以通过正确的穿着用色找到幸福的爱情。只是，如何才能穿对色彩、抓住爱情？就让徐跃之来为你调制一道道精致的“爱情色彩衣谱”，来面对各种可能发生的爱情问题。天下的男人那么多，你喜欢的又是哪一类型的？所以我还要教你怎样穿才能吸引不同特质的“他”。当然，这一切也要请你认真地按日“服”用，才会在遇见任何一段可能发生的恋情时，产生令你意想不到的爱情魅力与惊人的情感能量！

Chapter 2

你是什么颜色的女人？“基因”给你答案

女人和颜色原本就有一种密不可分的关系，而且色彩确实可以让一个女人脱胎换骨、焕然一新。

想要知道自己适合什么颜色，到底穿哪些色彩才能打开爱情的磁场？这的确是等待爱情的你最想知道的。好的，就让我们找出你所属的基因色彩（G-Color），塑造全新的自己。

何谓基因色彩 G-Color？

所谓 G-Color 就是“基因色彩”，我们亲昵地称它为“G-Color”。许多读者对这个集合了科学、医学和美学的时尚新名词——基因色彩——已经不算陌生了。

我们以往谈基因色彩，总是脱离不了穿衣打扮，也讲到如何运用色彩进行亲子互动，甚至还告诉你怎样穿对色彩来赚钱。不过在这本书里，我要通过 G-Color（基因色彩）来跟你分享，怎么从每个色彩的独特能量中借由穿着搭配来获得自己想要的爱情。

每个人都有属于自己与生俱来的 G-Color，除非你不具备生命体的特质。也就是说，只要是有生命的个体，都一定会有属于自己的色彩。

这个由我首创、以东方人的肤色、五官线条、眼神、身材与内在性格为基础所归纳起来的色彩学，我们称之为“基因色彩”，也就是 G-Color。既然谓之基因色彩，意思就是说，它会因人而异地有不同色彩属性。基因色彩可以分为寒、暖两大色系，以光源的变化区分为清晨、午后、黄昏、黑夜及黎明五个光源型。那么，你究竟是哪个类型的人？适合什么颜色？什么样的色彩跟你的爱情最 in？

你知道吗？每个女人都有属于自己的色彩群，而且每个人适合的颜色不一样，好比看到王菲就会想到“宝蓝”那种酷酷的、带帅气的颜色，看到小 S 就会想到“薰衣草紫”俏皮中略带神秘诡异的感觉，想起林志玲会联想到“苹果绿”那种既婉约又甜蜜的印象……

那么，你是什么色彩的女人呢？

一个人适合的色彩跟喜欢的颜色并不一定相同。那么，什么是适合自己的色彩？又如何找出适合自己的颜色呢？其实很简单，我们可依照每个女人不同的皮肤色调、眼神、五官线条以及身材来归纳，依据这些条件归纳出来的色彩群就是我首创的“基因色彩”。

每个人都有自己天生的基因色彩。

了解自己的特色以前，最重要的是先确认自己是寒色系还是暖色系。相信你听说过色彩分寒暖色系，可没想到人也分寒暖色系吧？是的，人跟色彩一样也有寒色系与暖色系的区别。

我们人类寒暖色系的特质是如何产生的，又该如何区分呢？其实，不是只有黄种人才有色系上的差异，黑、白、红、棕色的人都有寒暖色的分别。人皮肤里的黑色素、血液中的红色素、细胞中的角蛋白，这些成分的分布多寡使得每个人的肤色、发色、眼球、唇及耳朵的颜色呈现出不同的特色。人的寒暖色系特质都是由这三种色素物质决定的。但是你一定会纳闷，既然是黄种人，皮肤应该就是黄色，有差别吗？

答案是："当然有。"

基因色彩肤色图

色彩大夫徐跃之首创东方人
Genechromatic 基因色彩肤色系统
Skin-Color
System
Dark
Dark
Warm Skin-Color
Tanned
Tanned
Cold Skin-Color
Light
Light

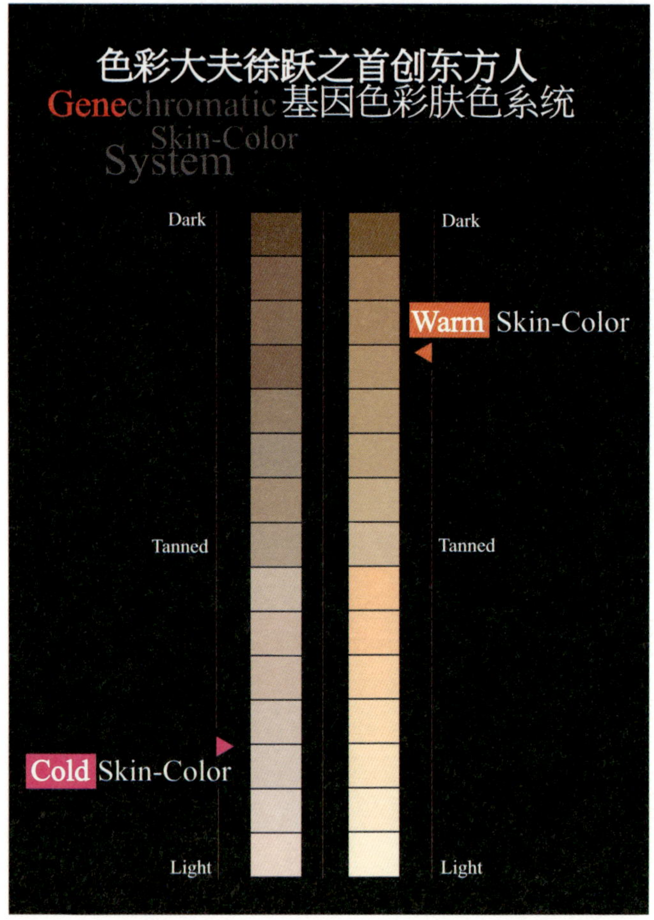

请不要再以肤色的暗沉或白皙来决定使用的色彩了。我要肯定地告诉读者：只要你是人，不管是黄种人、白人还是黑人，无论红、绿、黄、蓝、紫、粉红、咖啡……什么颜色你都可以大胆使用。因为每个人都有善用色彩的权利！但是，一定要知道自己到底是寒色系还是暖色系！

我所提出的“基因色彩”学说，以一天当中的光线变化区分为——清晨、午后、黄昏、黑夜、黎明五种光源型。

Light&G-Color

G-Color& Tai Ji

色彩大夫徐跃之
五时光源与太极图形的关系图

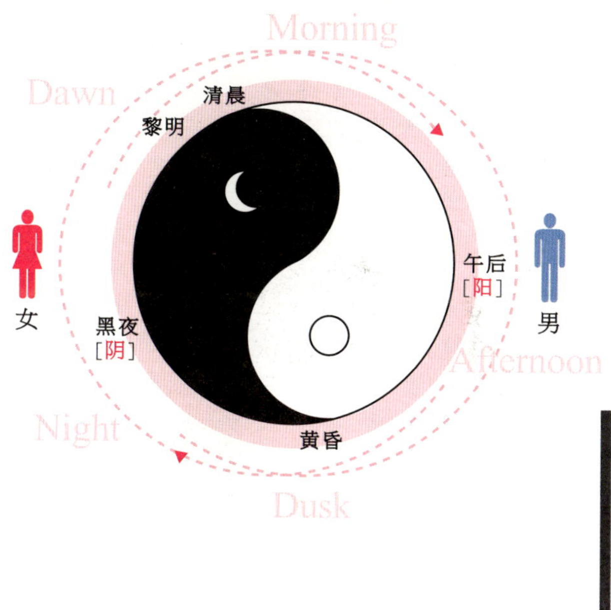

色彩大夫徐跃之邀请你对色入座

（1）Miss Morning——清晨型的美人

肤色	白皙透明肤质的占大多数，有些双颊略有淡金色的雀斑，不易晒黑，被晒后显得肤色不均，呈金褐色，有脏脏的感觉；也有肤色较黑者，但比例极低。
发色	红咖啡色到深咖啡色的最多；也有黑色的，发质较粗硬。
脸型	圆脸及鹅蛋脸居多。
眼部	以单眼皮或较柔和的双眼皮眼睛为主。
五官	脸部线条柔和清秀，具有强烈的年轻感。
体型	不易发胖，但身体线条呈圆弧型，且玲珑有致；某些清晨型女性臀型较圆而大。
外形	年轻的形象不易随时间改变，永远都是清新灵活的少女型。
代表名人	林志玲、小S、章子怡、舒淇等。

■清晨型　光源色彩群

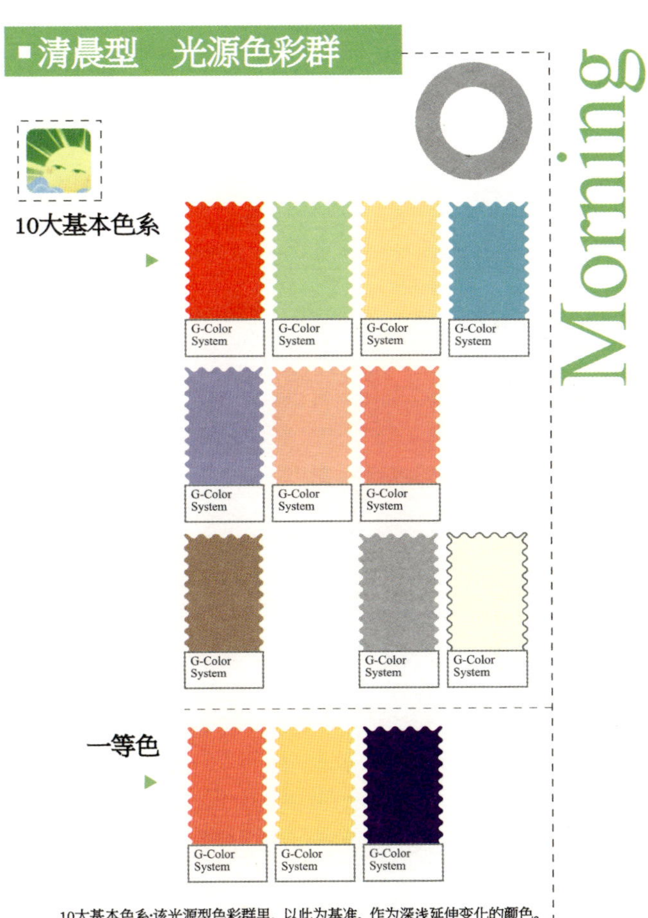

10大基本色系:该光源型色彩群里，以此为基准，作为深浅延伸变化的颜色。
一等色:在正式场合里，最能表现自己高贵出众气质的颜色。

（2）Miss Afternoon——午后型的美人

肤色	皮肤底色为青黄色，灰棕色的也不少；肤色健康均匀，肤白者较少，容易感光而变得黝黑，晒黑后呈巧克力色；肤色白者，双颊略带粉红色泽。
发色	以褐色、红褐色直至黑褐色为主。
脸型	方、圆或五角形脸居多。
眼部	深邃的双眼皮，但眼神柔和；内双、单眼皮者也不少。
五官	脸部线条温和，清新具时尚感。
体型	属于西洋梨型；臀及大腿容易发胖。
外形	独特形象流行感十足，却不失温文儒雅的气息，并且兼具优雅时尚的细心温柔。
代表名人	张曼玉、桂纶镁、周迅、孙俪等。

10大基本色系:该光源型色彩群里，以此为基准，作为深浅延伸变化的颜色。
一等色:在正式场合里，最能表现自己高贵出众气质的颜色。

(3) Miss Dusk——黄昏型的美人

肤色	具有类似北美洲人的金属质感肤色；以金黄色为皮肤底色，晒黑后呈古铜色；牙白带金黄色味。
发色	略带红棕或深褐、金灰褐色；也有黑色的，但不多。
脸型	菱形脸及鹅蛋脸居多。
眼部	水泡眼式的双眼皮或单眼皮为主。
五官	脸部线条明确，略带古典韵味。
体型	骨架较大，丰而不垮；身材尚属匀称，比较不易发胖。
外形	古典高雅的端庄感，同时又散发浪漫雅致的淑女气息。
代表名人	刘嘉玲、张惠妹、那英、莫文蔚等。

10大基本色系:该光源型色彩群里，以此为基准，作为深浅延伸变化的颜色。
一等色:在正式场合里，最能表现自己高贵出众气质的颜色。

（4）Miss Night——黑夜型的美人

肤色	较为极端，不是苍白就是稍暗沉，均以青带点蓝的肤色为主；还有青黄肤色、双颊带些玫瑰红的白皙皮肤者；不易晒黑，或日晒后肤色容易因晒伤变红。
发色	乌黑亮丽；黑褐色、红褐色的较少，也有银黑褐色的。
脸型	长形、方形及椭圆形脸者居多。
眼部	锐利的单眼皮或深邃而明亮有神的双眼皮。
五官	线条立体而高调，较易引人注目，略显成熟，吸引人。
体型	身材线条明显，体型出色；较易发胖，如果发胖，会均匀发展。
外形	独特的形象引人注目而且明亮耀眼，是时髦亮丽、出色抢眼的模特儿。
代表名人	王菲、Angelababy（杨颖）、范冰冰、徐若瑄等。

■黑夜型　光源色彩群

10大基本色系:该光源型色彩群里，以此为基准，作为深浅延伸变化的颜色。
一等色:在正式场合里，最能表现自己高贵出众气质的颜色。

（5）Day Break—— 黎明型的美人

黎明型的所有色彩均带着灰色调，因此它并不适合我们东方黄种人。这类色彩较适合极白或极黑肤色的人种使用。

但往往市面上许多衣服均为黎明型的人设计。它们不新不旧的颜色穿在身上无法映衬出漂亮气色，而且黎明型颜色是其他色彩学无法也无从分类的，以致许多东方人误用。

说明：“色味”一词，是由徐跃之老师首创的分色专有名词。主要用以区分寒暖色系，分为“带黄色味”“带蓝色味”“带灰色味”三大系统。

■黎明型　光源色彩群

Dawn

10大基本色系:该光源型色彩群里，以此为基准，作为深浅延伸变化的颜色。
一等色:在正式场合里，最能表现自己高贵出众气质的颜色。

穿对色彩，让正能量与你“衣”拍即合

我想你一定有过类似的经验（不只是你，其实大多数人也是如此）：经过服饰店的橱窗，被展示在衣架上搭配抢眼出色的服装吸引，甚至冲动地买下它。兴致勃勃地穿上这些因为冲动买下的服装，但穿上一两次就觉得哪里不对劲，索性就把它囚禁在衣柜里。这样的购衣方式一再重演，衣柜里的衣服也就堆积如山。但爱美的你还是觉得衣柜里少一套令自己满意的服装。

你可曾想过，这是什么原因？

其实，爱美是重视自我、尊重别人的基本美德。我不得不为女性同胞叫屈喊冤，因为我们没有一个较好的学习环境，可以让女性同胞了解什么色彩适合自己，从而令她们在生活的各个方面都能顺顺利利。有些人会从媒体获得一些主观的装扮概念，但在这种强势的流行环境里，尽是用模子打造出的风尚族。有些人自诩“都市新贵、流行新宠”。这就是一般人的“装扮文化”。

然而，人是有生命的个体，不可以用模子或样本来复制，毕竟适合你的不见得适合我，适合我的在别人身上也可能格格不入。因为每个人拥有不同的基因条件，而基因也创造了不同的个体。

所以，你要肯定自己是这世界上独一无二的。每个人都有自己与众不同的磁场，因此在色彩使用上必须要有所取舍。色彩的选择与使用绝不是随随便便的。你知道吗？父母给我们生命的时候就已经送我们一套独特而丰富的色彩群了。

了解你的基因色彩，就像了解血型及星座一样，是你一辈子一定要知道、也一定要做的事。如果你能顺利地找到自己的基因色彩，就能确立自己独特的形象。这样一来，在情感及人际关系上，你更会有超乎想象的正能量及吸引力。从此，你就不必再羡慕别人的恋情总是比你的顺利了！

研究如何穿衣服其实是件很有趣的事。就情感这部分来看，你每天所穿服装的色彩不但反映了你当下的心情，还实时泄露了你内心的秘密。服装色彩的波动频率和人的磁场是联系在一起的。如果你想用色彩能量与服装款式来强化自己的独特魅力，“色”诱心中期盼的那个 Mr. Right，那么如何穿对颜色就是你不得不选修的课程了。

色计

你的爱情【装点篇】

“色”诱男人的
10种色彩能量穿搭术

粉红能量“色”诱——顺着你，支持你的他

其实，男性通常对穿粉红色衣装的女人没有太多的兴趣。但是，如果一个姿态优雅、性情温柔的女人将粉红色洋装穿在身上，那么这个粉红色会活起来。而粉红色的洋装会把女人衬得让人好想跟她谈恋爱。所以，被穿粉红色服装的女性吸引的男人一定是个可以顺着你，让着你，甚至支持你的新好男人。

Dr. G-Color's Tip

徐跃之教你这样穿

穿对粉红能量

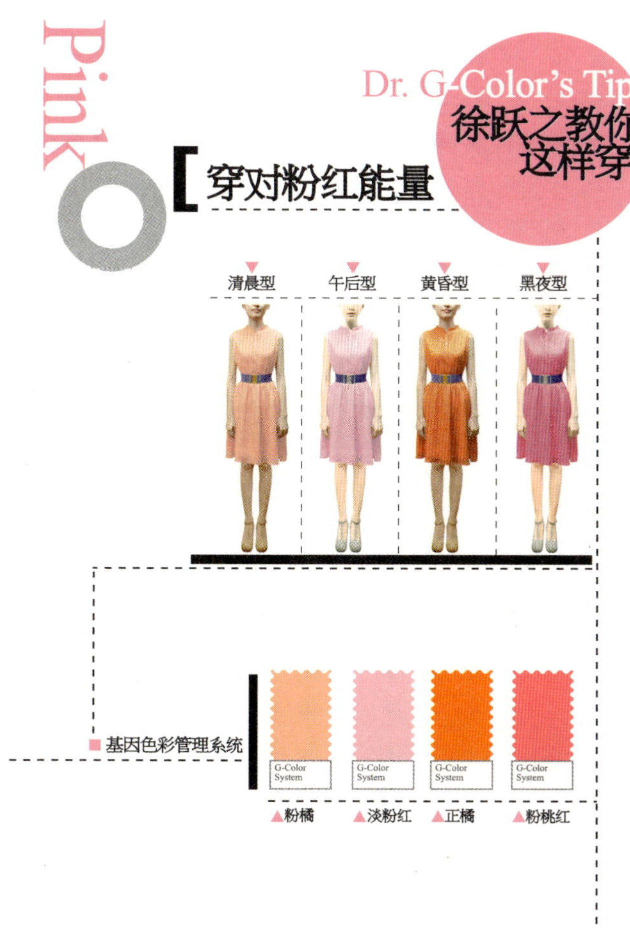

浅蓝能量“色”诱——有才华、生活不呆板的他

蓝色是许多男人喜欢的颜色。男性都觉得自己有很多压力——无论是工作还是爱情上的，所以他们容易被蓝色这样一个象征着放松、无拘无束的色彩催眠。如果你想“引诱”个性活泼、生活有创意且略带点小男人主义的男性，那么不妨多穿浅蓝色的休闲套装。蓝色会让你有更多的体力去创造你想要的生活。

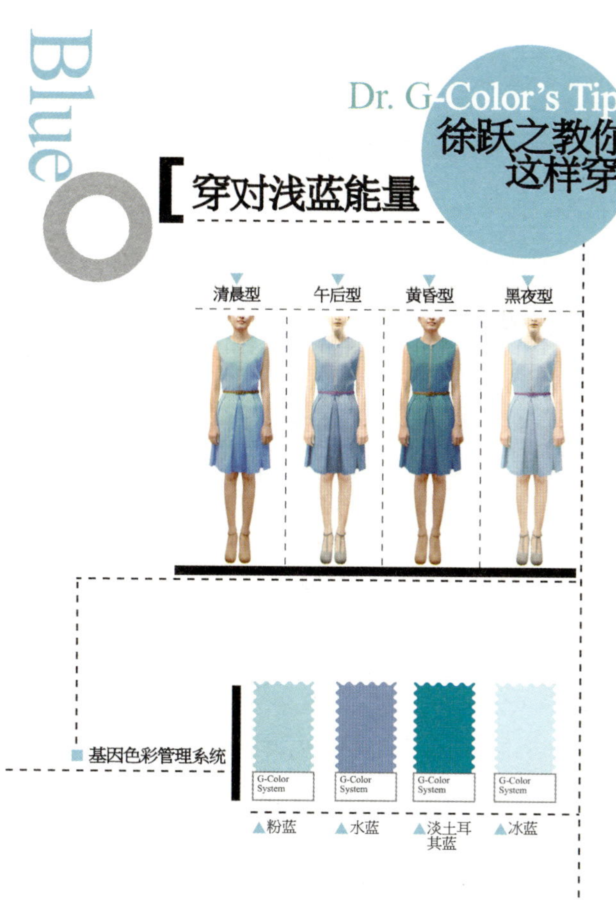
Blue
Dr. G-Color's Tip
徐跃之教你这样穿
穿对浅蓝能量
清晨型
午后型
黄昏型
黑夜型
基因色彩管理系统
G-Color System
G-Color System
G-Color System
G-Color System
粉蓝
水蓝
淡土耳其蓝
冰蓝

淡紫能量“色”诱——好相处，值得信任的他

喜欢紫色的男人，通常有一颗细腻的心和捉摸不定的情感。如果你要吸引这样的男子，那么你可能会爱上一个不爱女人的男人，因为紫色多半是“同志”喜欢的色彩。但是，我们也不能因噎废食。如果你懂得用淡紫的上衣配上白色的裤装，仍可以将那种好相处且值得信赖的男人吸引过来。不过，保险起见，建议你在决定跟他交往前还是确认一下他到底爱的是男人还是女人吧。

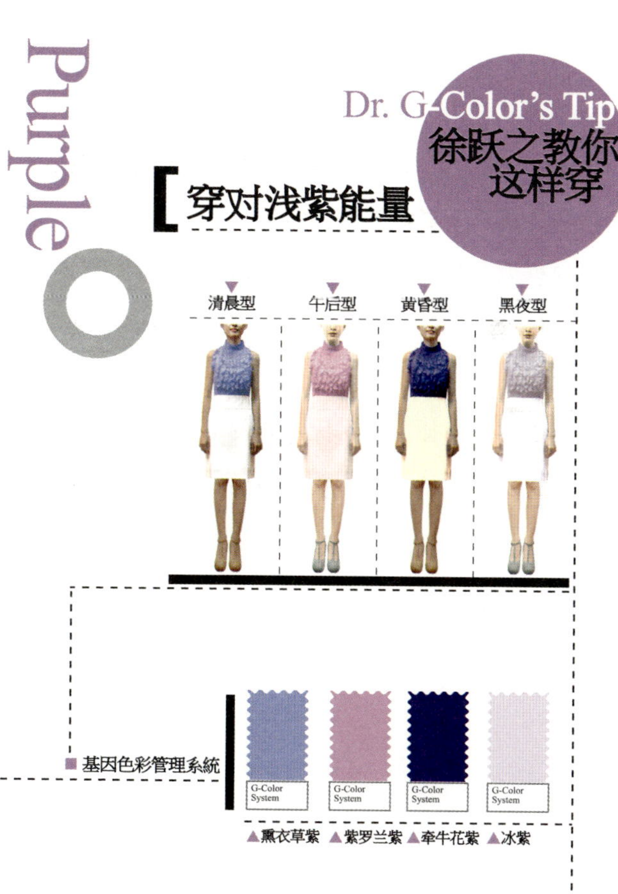
Purple
Dr. G-Color's Tip
徐跃之教你这样穿
穿对浅紫能量
清晨型
午后型
黄昏型
黑夜型
基因色彩管理系統
G-Color System
G-Color System
G-Color System
G-Color System
熏衣草紫
紫罗兰紫
牵牛花紫
冰紫

黄色能量“色”诱——愿意与你交心，进而成为精神寄托的他

多数男人在追求爱情的时候，对心仪的人可以口若悬河说得天花乱坠。但是一旦追到手，他就老觉得跟你“话不投机半句多”，俩人情感生活中的言语互动也变得愈来愈少。其实，这就是男人。谁叫多半男性只喜欢用下半身思考呢？如果你讨厌这样的男人，试图避开他们的追求，那么不妨多穿黄色的服装。这样比较容易吸引那种愿意与你交心，进而成为你精神寄托的知性男子。

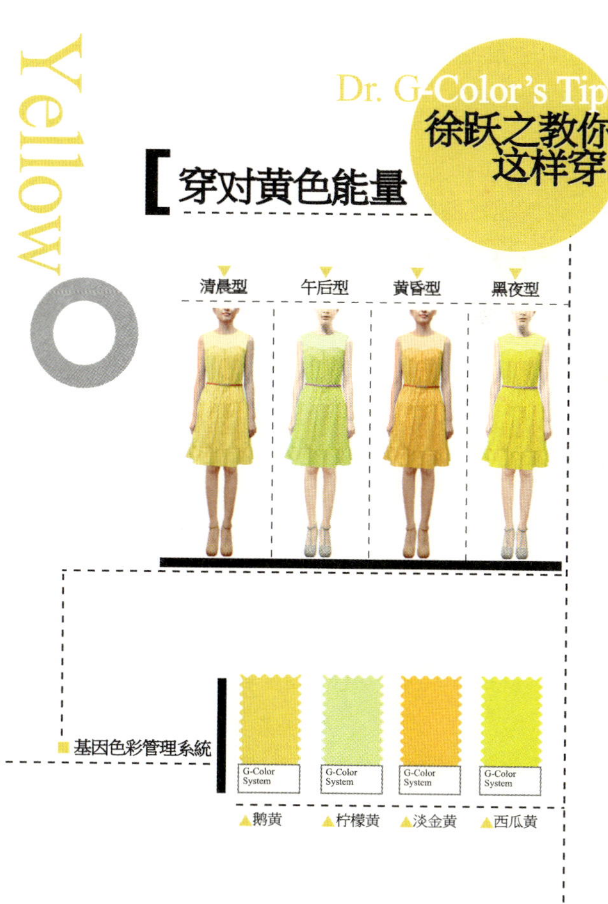
Yellow
Dr. G-Color's Tip
徐跃之教你这样穿
穿对黄色能量
清晨型
午后型
黄昏型
黑夜型
基因色彩管理系統
G-Color System
G-Color System
G-Color System
G-Color System
鹅黄
柠檬黄
淡金黄
西瓜黄

绿色能量“色”诱——懂得 Care 你心灵，关心你健康的他

台湾地区的俗语总是把绿色形容成惹人嫌恶的色彩，而且服过兵役的男性也对绿色颇有微词。但这不代表绿色是个不好的颜色，也不表示所有的男人都不喜欢绿色。如果你希望找到一个懂得 Care 你心灵、关心你健康的体贴男子，那么建议你常常将绿色穿在身上。绿色不仅可以让体贴的男人接近你，还可以让你的人际关系变得更好。谁说绿色是让人嫌恶的色彩呢？

Green
Dr. G-Color's Tip
徐跃之教你这样穿
穿对绿色能量
清晨型
午后型
黄昏型
黑夜型
基因色彩管理系統
G-Color System
G-Color System
G-Color System
G-Color System
嫩芽绿
薄荷绿
酒瓶绿
松绿

棕色能量“色”诱——欣赏你，甚至有些依赖你的他

我经常说，喜欢咖啡色（棕色）的男人不会变坏。其实也就是告诉你，如果有男人被你身上的咖啡色服装吸引，那么这样的男性通常是一个知道如何去欣赏你，甚至在情感上有些依赖你的安定男子。因为咖啡色（棕色）是一个稳定安全且扎实的色彩，是可靠与务实的象征。不过，要记得在你们俩的世界里，不要一味地用现实的咖啡色，否则恋爱应有的浪漫会被你们弄得有点呆板而现实。

Brown
Dr. G-Color's Tip
徐跃之教你这样穿
穿对棕色能量
清晨型
午后型
黄昏型
黑夜型
基因色彩管理系統
G-Color System
G-Color System
G-Color System
G-Color System
香槟色
巧克力色
咖啡色
深巧克力色

红色能量“色”诱——生活单纯、对爱情认真的他

用红色来形容热恋是最贴切不过的。但一个容易被红色吸引的男人，对情感的看法可就不会那么洒脱了，而且还会有点腼腆。在感情生活里，他们的想法往往单纯得可爱，对“情”这个字也非常认真用心。因此，如果你希望谈一场轰轰烈烈的恋爱，不妨穿着红色的洋装来引诱这个对爱情渴望且执着的大男孩。

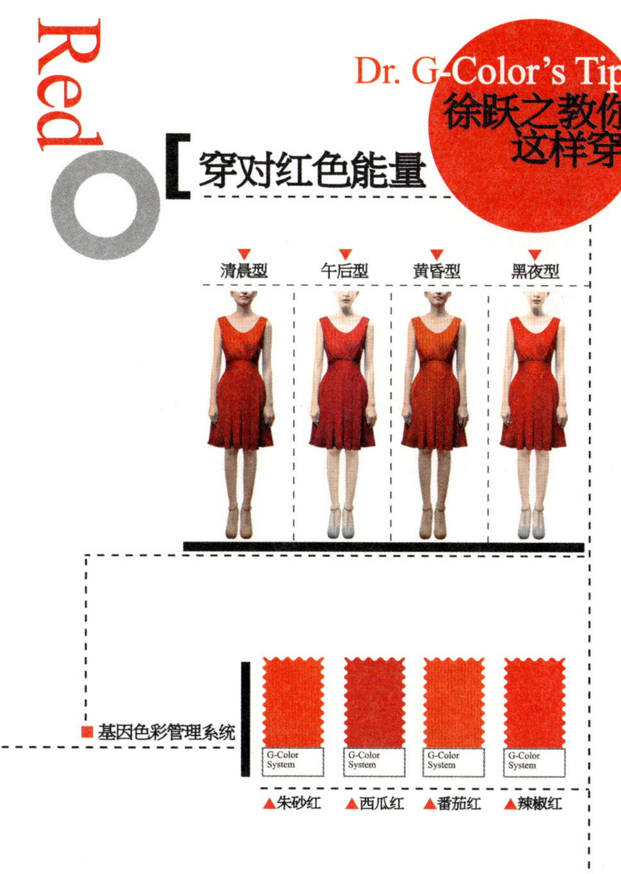
Red
Dr. G-Color's Tip
徐跃之教你
这样穿
穿对红色能量
清晨型
午后型
黄昏型
黑夜型
基因色彩管理系统
G-Color System
G-Color System
G-Color System
G-Color System
朱砂红
西瓜红
番茄红
辣椒红

灰色能量“色”诱——冷静务实、懂得自我平衡的他

灰色算是当今时尚的代表色彩之一。但是，就服装色彩能量而言，它算是个能量较弱的色彩。所以，我不那么鼓励你们使用它。如果你把灰色作为你的爱情色彩，那么建议你的服装款式最好是洋装搭配粉红色或淡黄色的罩衫。因为这样比较容易吸引冷静务实，也懂得自我平衡的男子。但这类男性多少有些逃避现实的倾向。

Grey
Dr. G-Color's Tip
徐跃之教你这样穿
穿对灰色能量
清晨型
午后型
黄昏型
黑夜型
基因色彩管理系统
G-Color System
G-Color System
G-Color System
G-Color System
暖灰
浅灰
卡其灰
铁灰

黑色能量“色”诱——有点坏坏的、桀骜不驯的他

严肃而神秘的黑色一直受到职业女性的喜爱。但就情感的发展进度而言，它绝对不是个好的桃花色，毕竟黑色是一种象征压抑和逃避的能量。许多女性喜欢用黑色来保护自己，也喜欢用黑色来强调自己在事业上的权威和地位。可是女人再强，终究还是希望有份让自己依赖的情感。所以，如果你不在乎天长地久，而且欣赏有点坏坏的痞子型男人，那么黑色的性感紧身洋装，倒可以让你如愿以偿。不过，你必须要有心理准备：你可能正陷入一夜情或恶桃花的陷阱之中。

Black

Dr. G-Color's Tip
徐跃之教你这样穿

穿上黑色能量

桃红能量“色”诱——自我、有些大男人主义的他

除了红色之外，桃红色是常被用来当作性感代名词的颜色。的确如此，因为桃红是介于红色与粉红色之间的中间色。红色象征活力，粉红色代表关怀与怜悯，桃红色则比较偏向肉体和情欲。桃红色会让一个女人对情感的想法不受拘束。因此，穿桃红色洋装容易吸引以自我为中心而且有些沙文主义的男人。我想这也是直肠子的你所期待的另一半的特质。

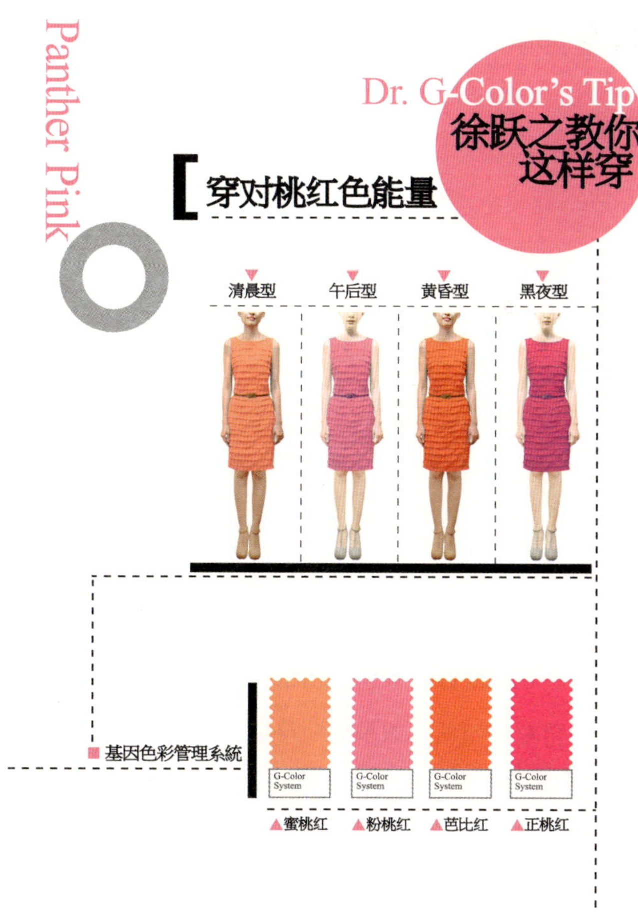
Panther Pink
Dr. G-Color's Tip
徐跃之教你这样穿
穿对桃红色能量
清晨型
午后型
黄昏型
黑夜型
基因色彩管理系統
G-Color System
G-Color System
G-Color System
G-Color System
蜜桃红
粉桃红
芭比红
正桃红

爱情餐前菜 >> 初识一定要有的色彩衣谱

初识衣谱 1

白色能量——让他一见难忘

色彩大夫来提点：

白色在爱情磁场里所扮演的是纯真无伪、自然显露真情的角色。因此，如果你期待第一次见面就给对方难忘的印象，那么白色的洋装是你最理想的选择。另外，如果你希望见面的对象把曾经对你的误解归零，那么白色的正装将会替你洗刷冤屈。

徐跃之教你这样穿
初识衣谱
White
Dr. G-Color's Tip
穿对白色能量
清晨型
午后型
黄昏型
黑夜型
■ 基因色彩管理系统
G-Color System
G-Color System
G-Color System
G-Color System
▲象牙白
▲乳白
▲米白
▲純白

初识衣谱 2

粉红能量——传达想要恋爱的信息

色彩大夫来提点：

粉红色最能散发女人的魅力。如果你想传达想要恋爱的信息，可以穿一袭轻柔且合身的粉红色小洋装。小洋装若是削肩或背心式的，更能突显你纤细的女人味。可是别忘了，在还没有真正吸引到他之前，不妨罩一件白色或比粉红色略淡一点的小罩衫，如此更能发挥你女性的感性温柔，还能迅速地传达你渴望被爱的信息。

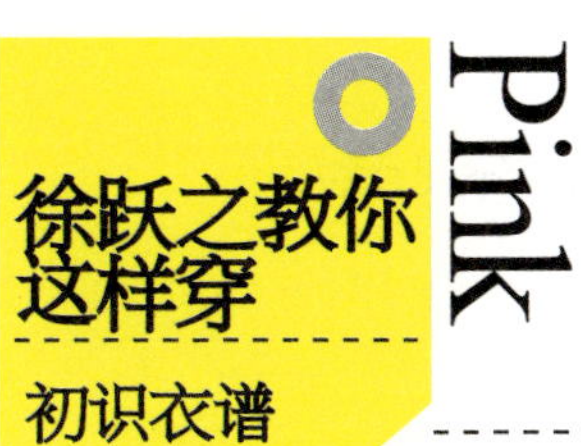

Dr. G-Color's Tip
穿对粉红能量

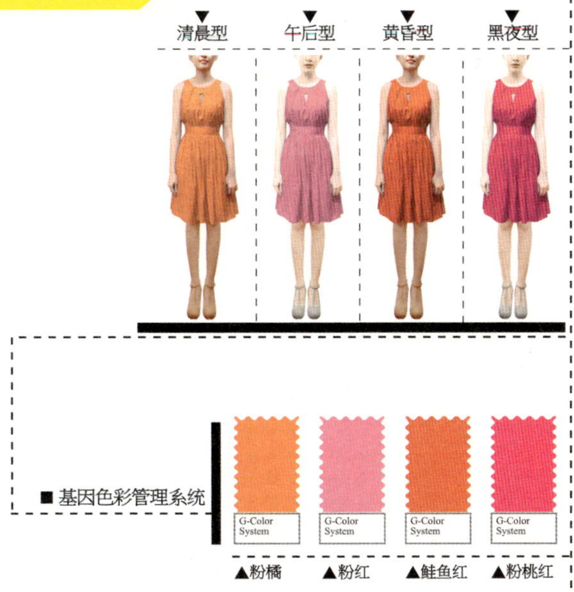

初识衣谱 3

淡黄能量——叫他多说些真心话

色彩大夫来提点：

黄色是一个可以叫他多说些真心话的颜色。如果你们已经相恋了，他却依旧如初识般沉默寡言，生怕说错话而破坏感觉，总会让人嫌你们的感情进展得慢了点，那么你不妨选一个彼此都没有压力的日子共进晚餐，穿上可以使你俩打开心房的黄色洋装或是黄色的针织上衣，并搭配淡灰色的裙子或裤子。注意：尽量别戴任何饰品，以免影响他的注意力。如此，你便会发现那一晚他显得有许多话想要跟你说。也许你们的感情在那一晚会有令人意外的突破。

徐跃之教你这样穿
初识衣谱
Yellow
Dr. G-Color's Tip
穿对淡黄能量
清晨型
午后型
黄昏型
黑夜型
■ 基因色彩管理系统
G-Color System
G-Color System
G-Color System
G-Color System
▲鹅黄
▲柠檬黄
▲南瓜黄
▲西瓜黄

初识衣谱4

浅绿能量——给自己一个花心的借口

色彩大夫来提点：

在尚未决定交往时，你已经发现他不是你想要的那个他，但又不知道该如何表达你心里的想法，那么，不如用穿着暗示来取代话语的尴尬。这时你可以把自己打扮得像个花心的女郎——一袭淡绿色小碎花洋装，系上缀着花饰的丝巾，再踩着镂空的高跟凉鞋，手举一把碎花洋伞，来暗示他：你还年轻，性情还不定，难接受他的情，你还在期待更好的一段恋情。

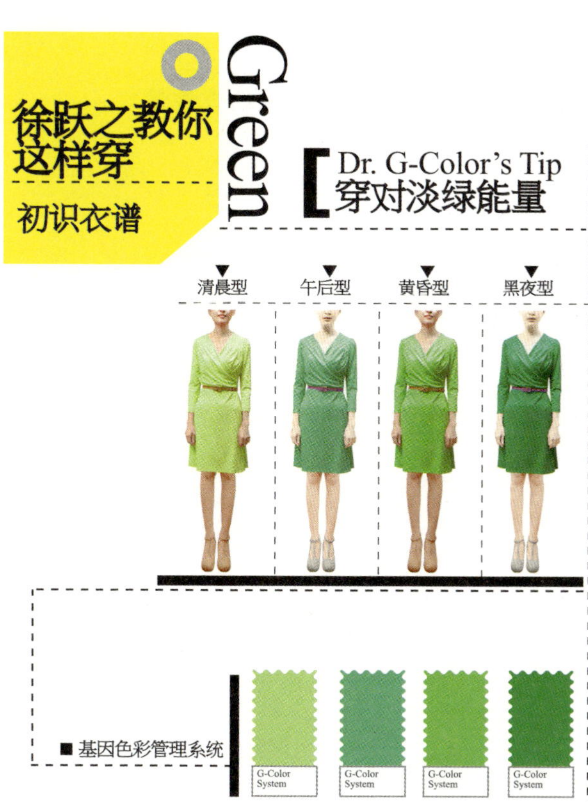

▲苹果绿 ▲大洋绿 ▲浮萍绿 ▲晶绿

初识衣谱 5

淡蓝能量——展现你对爱的真性情

色彩大夫来提点：

蓝色给人一种率真自然、不虚伪的感觉。在并不算了解彼此个性的初恋过程中，偶尔穿穿没有负担、不做作，更无须戴假面具的浅蓝色洋装或牛仔休闲装，有助于催化你们尚未成熟的恋情，可以为你们的关系加温。

Blue

Dr. G-Color's Tip 穿对淡藍能量

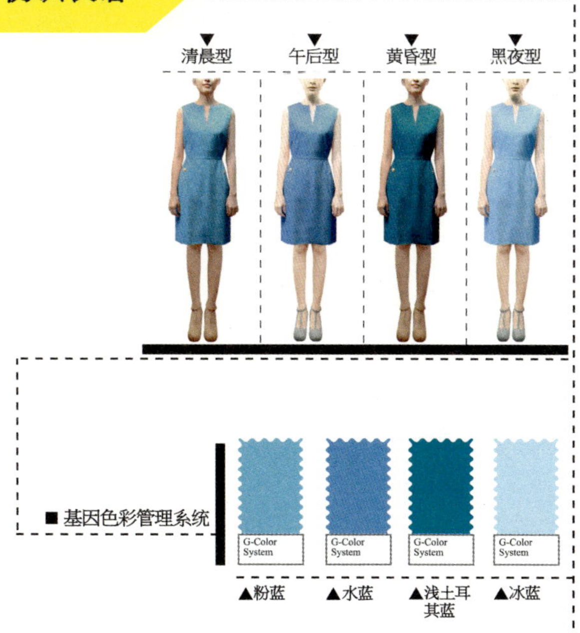

初识衣谱 6

淡紫能量——就让他偶尔猜不透你的心

色彩大夫来提点：

紫色总是给人一种神秘、捉摸不定的感觉。在恋爱过程中，如果你不希望让他看透你的心，那么不妨穿以紫色为主的洋装，或是紫色的无袖上衣配上淡蓝色长裙。如此搭配容易让对方有种你既神秘又使人想靠近的幻想。男人，就是别让他们了解你太多。有道是男追女隔座山，就让他们慢慢地攀爬这座爱情的山吧！

徐跃之教你这样穿

初识衣谱

Purple

Dr. G-Color's Tip 穿对淡紫能量

清晨型	午后型	黄昏型	黑夜型

■ 基因色彩管理系统

G-Color System	G-Color System	G-Color System	G-Color System
▲薰衣草紫	▲紫罗兰紫	▲深紫	▲正紫

初识衣谱 7

淡灰能量——缓和恋情，避免给彼此造成压力

色彩大夫来提点：

灰色是一种冷静且均衡的能量。在初恋的阶段，如果你不希望突然闯入的爱情打扰自己原有的平静生活，那么就在星期四或星期五穿灰色的套装，减少恋情给自己带来的不安及工作上的困扰。

徐跃之教你这样穿

初识衣谱

Grey

Dr. G-Color's Tip 穿对淡灰能量

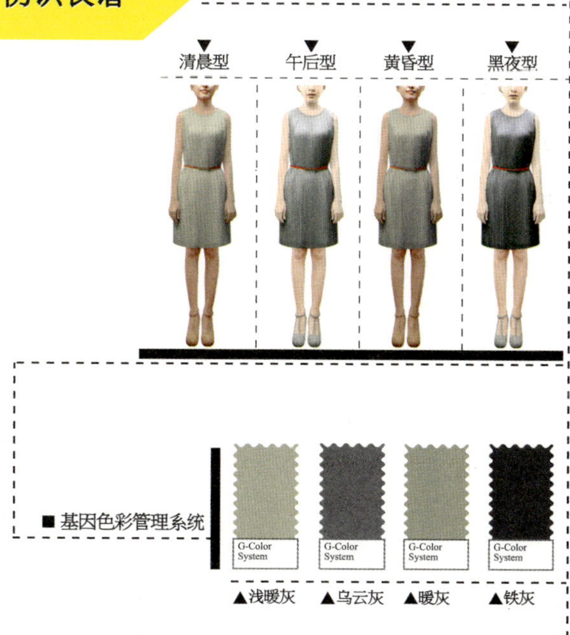

爱情主菜 >> 相恋该准备的色彩衣谱

相恋衣谱 1

红色能量——让恋情再升温

色彩大夫来提点：

红色具有刺激与活化恋情的功能。当你们的爱情由初识阶段进入相恋阶段，想让彼此的感觉再升温时，你可以穿合身的红色洋装，并配以同色的内衣裤来强调你对这段爱情的渴望及努力。这样的装束也可以燃起并延续他对你的热情和执着。

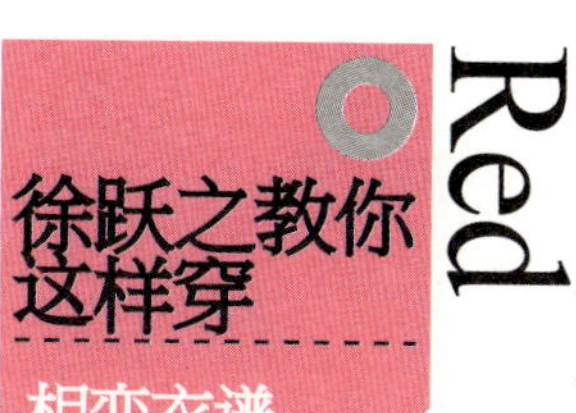

Red

Dr. G-Color's Tip
穿对红色能量

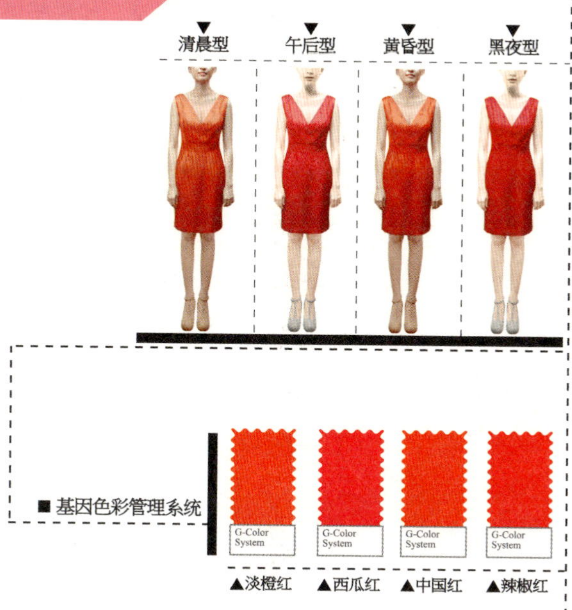

相恋衣谱 2

橘色能量——点缀得爱情幸福欢乐

色彩大夫来提点：

橘色所代表的是一种欢乐的能量。但是，如果将橘色用在不适合的人身上，如午后型或黑夜型，就会让人变得容易嫉妒且悲观。尽管如此，橘色的确是爱情路上必备的色彩。因为有了它的点缀，恋情总是显得幸福且愉快。橘色可以算是恋人们的开心果。如果你觉得爱情给你带来了些许苦闷，那么不妨穿穿橘色的上衣吧！

徐跃之教你这样穿
相恋衣谱
Orange
Dr. G-Color's Tip
穿对橘色能量
清晨型
午后型
黄昏型
黑夜型
■ 基因色彩管理系统
G-Color System
G-Color System
▲浅橘
▲所有橘色

相恋衣谱 3

黄色能量——让彼此的爱多一些成长

色彩大夫来提点：

如果你觉得在相恋的过程中肉体上的爱欲多于心灵上的交流，那么黄色可以实质性地解决你的忧虑。因为真正的爱情不应该只有性或精神层面，最好能达到身心灵的平衡。当你想要让彼此的爱情多一点心灵上的成长，可以穿以黄色为主的套装或上衣，搭配咖啡或巧克力色的二片裙或裤子。

徐跃之教你这样穿
相恋衣谱
Yellow
Dr. G-Color's Tip
穿对黄色能量
清晨型
午后型
黄昏型
黑夜型
■ 基因色彩管理系统
G-Color System
G-Color System
G-Color System
G-Color System

▲鹅黄 ▲柠檬黄 ▲杏黄 ▲西瓜黄

相恋衣谱 4

绿色能量——让他注意到你的体贴及细心

色彩大夫来提点：

如果你是体贴细心的女子，在恋爱的过程中，希望对方了解并肯定你善于关怀的特质，那么就穿以绿色为主的开襟棉质洋装，并加上那种白色的、具有牺牲奉献能量的罩衫。这样他就能借由你的用色与穿着来注意到你细心与体贴的美德。

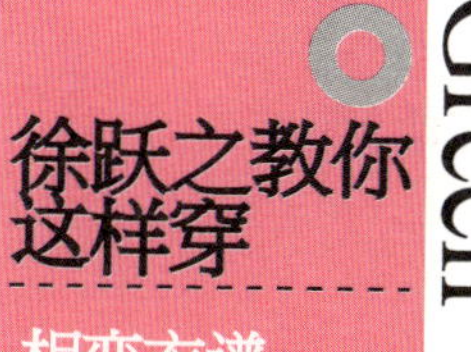

Green

Dr. G-Color's Tip
穿对绿色能量

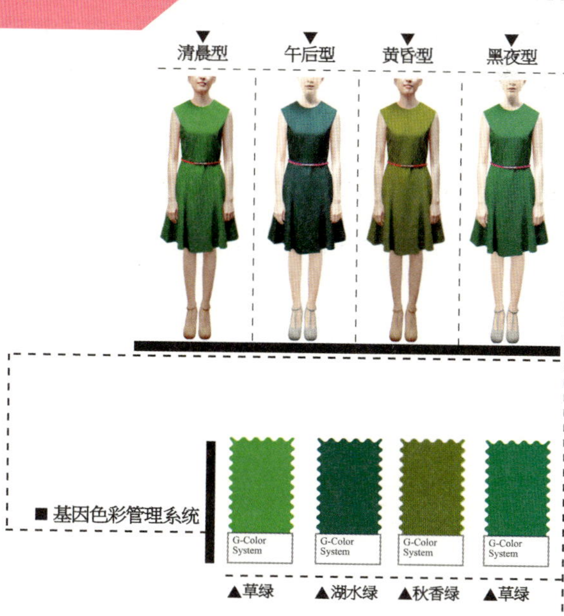

相恋衣谱5

蓝色能量——鼓励他！稳定他！

色彩大夫来提点：

恋爱就是俩人未来长久相处的暖身期。男人在爱情的世界里，多半会像小孩子，需要关怀与鼓励。因此在相恋的过程中，如果发现他在事业上或你们的感情上遇到挫折，那么你不妨穿着以蓝色为主的正式套装，或在假日穿上蓝色的运动休闲服，来振奋和鼓励他受挫的心。

徐跃之教你这样穿

相恋衣谱

Blue

Dr. G-Color's Tip 穿对蓝色能量

▲天蓝　▲水蓝　▲土耳其蓝　▲海蓝

相恋衣谱 6

紫色能量——表现你的练达和修养

色彩大夫来提点：

“女人用耳朵听世界，男人用眼睛看世界。”这就是男人和女人最不同的地方。所以只要你能掌握男人的弱点，那么其实就将爱情掌握在你的手里了。多数男人都喜欢用眼睛来看美女。一个有修养且处事练达的女性是所有男人都会用心去欣赏的。如果你想要展现这方面的特质，就穿上以紫色为主的或洋装式的套装，那么你可能就是那个让男人用心欣赏的女人了。可是，别忘了，紫色有很多种，一定要选择适合自己基因色彩的紫，才能达到最佳效果。

徐跃之教你这样穿
相恋衣谱
Purple
Dr. G-Color's Tip
穿对紫色能量
清晨型
午后型
黄昏型
黑夜型
■基因色彩管理系统
G-Color System
G-Color System
G-Color System
G-Color System
▲中等熏衣草紫
▲葡萄紫
▲牵牛花紫
▲深紫

相恋衣谱 7

桃红能量——勇敢说出“我爱你”

色彩大夫来提点：

有道是“男追女隔座山，女追男隔层纱”，可见男女之间的互动是不平等的。从这句话也可以看出来，女性在情感角色分配上的确是占优势的。所以，拜托那些女权运动者别老是喊男女平权了，其实男人也有弱势的时候，特别是在感情上。因此，如果你想要追求一个让你心动的男性，却又不知如何开口，就穿上以桃红色为主的洋装，来大胆地向他表明你的真心吧！

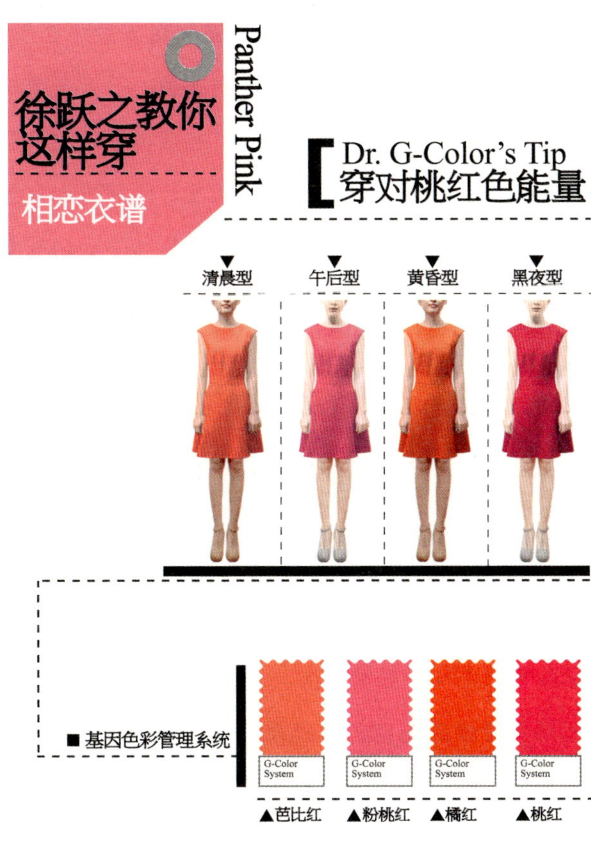
徐跃之教你这样穿
相恋衣谱
Panther Pink
Dr. G-Color's Tip
穿对桃红色能量
清晨型
午后型
黄昏型
黑夜型
■ 基因色彩管理系统
G-Color System
G-Color System
G-Color System
G-Color System
▲芭比红
▲粉桃红
▲橘红
▲桃红

餐后点心 >> 让性多点颜色，必备的色彩衣谱

当两个人的恋情走到了成熟阶段，要有必要的肌肤之亲时，别忘了做好安全措施，如安全套或避孕药等，这是在进入相恋阶段时就必须要做的准备。千万不要掉以轻心，也千万别想着等事情发生了之后再说。也许这有点老生常谈，但是人毕竟有七情六欲，何况男人又是喜欢用下半身思考的动物呢！所以，身为高等动物的女人，就得在两性交往的过程中多担待些了！

性爱衣谱 1

红色能量—告诉他，你是热情如火的

色彩大夫来提点：

红色具有刺激男性欲望的功能。因此，如果你想让他感觉你积极主动、热情如火，并期待翻云覆雨的前戏，那么不妨穿着性感的红色紧身洋装或以红色为主色的短裙，搭配红色的内衣。这样势必产生让你意想不到的激情。但是如果对方是一个不喜欢红色的人，或者他本身就是个过度使用红色的人，那么你不妨将以上所提到的红色全部替换为黄色，仍可获得相同的效果。

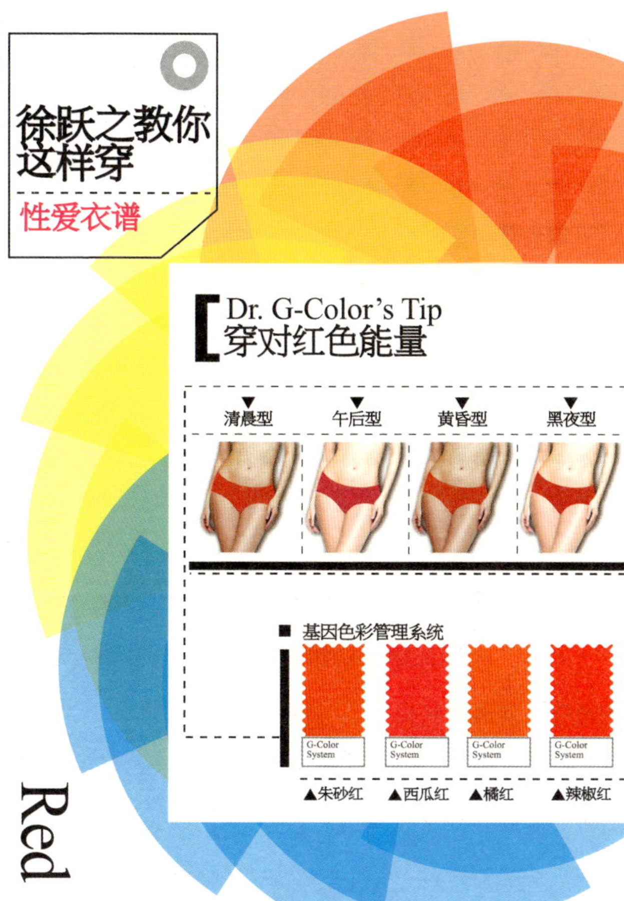
徐跃之教你这样穿
性爱衣谱
Dr. G-Color's Tip
穿对红色能量
清晨型
午后型
黄昏型
黑夜型
基因色彩管理系统
G-Color System
G-Color System
G-Color System
G-Color System
▲朱砂红
▲西瓜红
▲橘红
▲辣椒红
Red

性爱衣谱 2

橙色能量——什么姿势都无所谓，只要玩得开心就好

色彩大夫来提点：

橘色在性爱的过程中具有缓和紧张，提升轻松气氛的功能。如果你的他偶有提早缴械的兆头，那么不妨把单调乏味的白色及肤色内衣或需要调情才会穿的激烈红色换成较幽默的橙色。这会让“小底迪”常常抬不起头来的他，在行“光合作用”的过程中，不需要太在乎你的感受。正所谓关心则乱，只要能让他玩得放心，你们紧绷而无趣的房事问题必有疏解的机会。橙色，可是治疗男性早泄最好的色彩疗法！

不过，如果你是午后型或黑夜型，这样做的效果并不理想，请慎重使用。

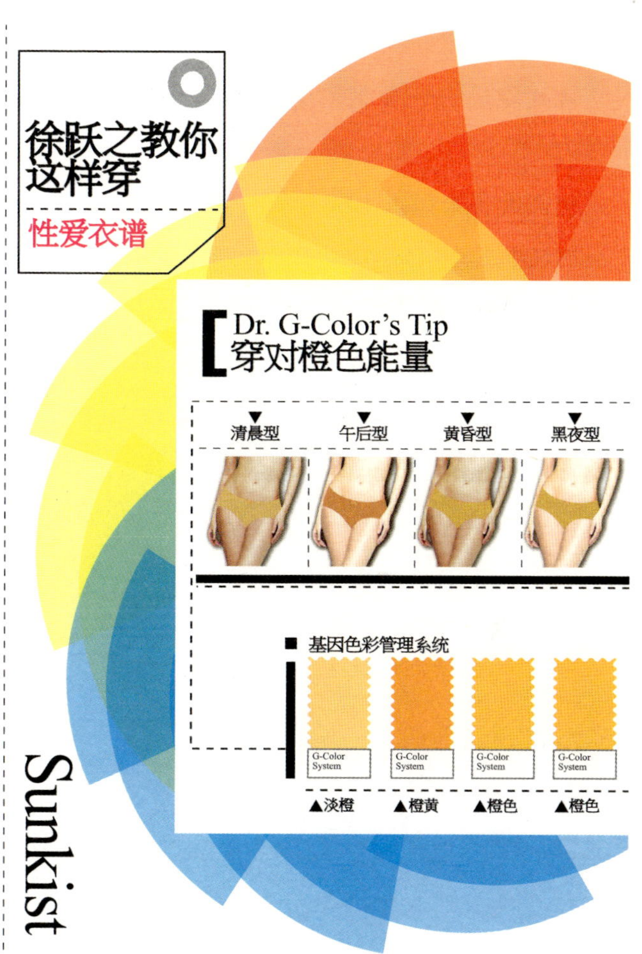
徐跃之教你这样穿
性爱衣谱
Dr. G-Color's Tip
穿对橙色能量
清晨型
午后型
黄昏型
黑夜型
基因色彩管理系统
G-Color System
G-Color System
G-Color System
G-Color System
▲淡橙
▲橙黄
▲橙色
▲橙色
Sunkist

性爱衣谱 3

桃红能量——要他主动积极

色彩大夫来提点：

桃红本来就是个象征肉体和性欲的色彩，因此特殊行业的标志通常都是桃红色的。真正的男人无法抵抗桃红的魅惑，因此如果你想提醒他在性方面积极一些，不妨穿以桃红为主色的性感洋装，搭配桃红色内衣裤。这样的色彩将会让他表现得主动积极，并能注意你的感受。

徐跃之教你这样穿

性爱衣谱

Dr. G-Color's Tip
穿对桃红色能量

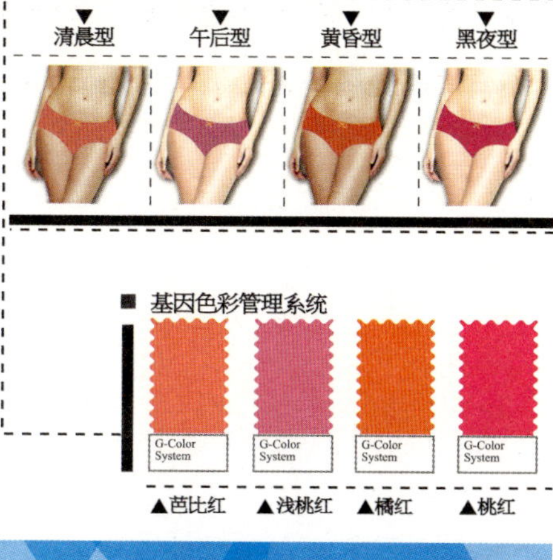

Panther Pink

性爱衣谱 4

粉红能量——展现你的温柔呵护

色彩大夫来提点：

如果你的另一半总是很主动，让你觉得有压力，那么不妨在性爱方面让他有被呵护、关爱的感觉。你可以穿着以粉红为主色的丝质洋装，搭配粉红色的内衣，让他在性爱的过程中，享受你温柔的呵护。你细心的一举一动会让他心满意足。

徐跃之教你
这样穿
性爱衣谱
Dr. G-Color's Tip
穿对粉红能量
清晨型
午后型
黄昏型
黑夜型
基因色彩管理系统
G-Color System
G-Color System
G-Color System
G-Color System
▲粉橘
▲粉红
▲粉橘
▲淡桃红
Pink

性爱衣谱 5

黑色能量——你可以完全配合

色彩大夫来提点：

黑色在性爱的过程中，原本就扮演着重要的角色。在对性的态度方面，男性总希望对方在各方面能够完全配合。穿着黑色的性感洋装，搭配黑色薄纱内衣裤，便是表示你愿意给对方完全的配合。但还是要提醒你，别总是穿着黑色的内衣，因为这将影响到他：让他对性伴侣的要求不会太高，增大他不断接受一夜情的可能性。这是期待健全情感的你需要注意的。同时，黑色内衣其实对女性的健康也是不好的。

Dr. G-Color's Tip
穿上黑色能量

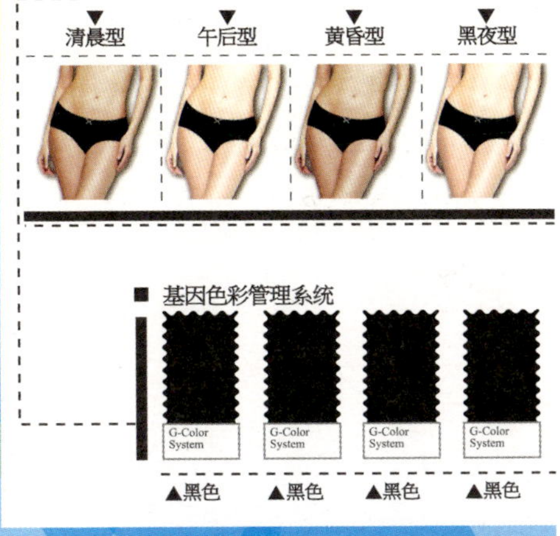

Black

色计

你爱的容颜［妆点篇］

化好恋爱妆并不是件困难的事。你应该清楚地了解自己的需求，例如你的基因条件（包括肤色、五官线条、眼神、基本性格等）、气候环境以及流行信息等。其实我们女性需要知道的化妆知识可以是简简单单的——轻，点，柔，推。如果你储备好了自己的消费知识，那么当你站在化妆品专柜前时，就不必再害怕会产生不知如何是好的挫折感了。

上妆新意识，简单就很好

如果我告诉你上妆只需花三分半钟，你是否愿意尝试？我想你的回答必然是肯定的。因为我相信再懒的女人也会爱漂亮。如果只花三分半钟就完成一个妆，那势必让人心动，也会让人想立即行动，而且我认为最理想的状态，应是化完妆之后感觉像洗过脸一样，干干净净，让人家看不出来脸上有任何东西。这才是最成功的化妆法。因此，请认真地做好以下五个步骤。只需五个简单的步骤，便可以改变你曾经对“上妆”产生的误解。

Tips

“基因上妆”新意识，掌握五步骤：

Start> 打粉底 > 画眉毛 > 刷眼影 > 定妆 > 涂口红 >End

化妆包真的需要装那么多东西吗？经过我的整理，发现化好一个妆所必备的基本材料，其实只要以下几样。

粉底：小麦＋婴儿皮肤粉粉底霜

不论属于哪个基因色彩的女人，或黑或白均可以以婴儿皮肤粉粉底霜为基础色。肤色较黑者，可先将小麦色粉底推抹于双颊及眼睑处，再重叠婴儿皮肤粉粉底霜，即可上个自然的底妆。

眉饼：

画眉毛就是要自己看起来自然又知性，否则宁可不画。以前，女性用眉笔画眉毛，但是，若技巧掌握得不好便会给人生硬不自然的感觉。染眉饼可以解决这样的困扰。

眼影：

1. 三基色眼影：米白＋酪黄＋深棕色

东方女性的眼睛真的需要那么多的色彩来强调吗？其实画眼影就像是给眼球穿衣服，然而东方人的眼球大多是黑色或咖啡色，那么若要让整个妆看起来干净自然，就要先摒除五颜六色的眼影，重新接受一个最适合东方女性的三基色眼影概念——米白、酪黄、深棕。

2. 双色能量眼影

你也可以依据能量主题选择要启动的眼影色彩，并用“2 段式”画法。这是最简单快速又可以呈现立体效果的眼部画法，能把好的能量借由眼神波动传送出去。

定妆：调理粉饼

为了使脸上的妆容持久，很多女性会使用蜜粉（定妆粉）。以台湾地区的气候来考虑，我会建议使用能调理皮肤油脂及汗水的调理粉饼。

基因唇彩：

一个女人拥有不超过五支唇膏是道德的。但是，多数女性的化妆包里绝对不止有五支唇膏，而是有一堆。不过，你是否注意过即使拥有那么多颜色的口红，也总是用其中的一两个颜色。为什么会这样呢？这就是你没做好基因色彩规划造成的浪费。唇膏的选择应该是以自己的基因色彩为基准，再视时间、地点、场合与目的来挑选。

如此一来，你就不难发现，化一个适合自己的妆原来这么容易。

月事来时也要有好脸色——自恋净妆

1. 目的：让整个妆看起来干干净净，没有负担才会有好心情。

2. 注意重点：眼影及唇膏的颜色以接近自己的肤色为最理想。

徐跃之教你这样用 Dr.G-Color Tip

a. 眼影：用米白色打底，略黄色处理层次。

b. 口红：接近唇色或略带水蜜桃色的颜色为宜。

Miss M’s（清晨型）：裸肤色

Miss A’s（午后型）：豆沙色

Miss D’s（黄昏型）：水蜜桃色

Miss N’s（黑夜型）：芋沙紫色

净妆

Dr. G-Color's Tip

怎样吸引好男人——勾引靓妆

1. 目的：要让自己看起来既妩媚又水嫩，最好能让人一见你就想咬一口，给人一种甜美多汁的印象。

2. 注意重点：让整个妆看起来有水水的感觉。

徐跃之教你这样用 Dr.G-Color Tip

a. 粉底：若要让底妆看起来水嫩，要尽量避免上两道蜜粉，可采用调理粉饼，轻刷于双颊及额头。

b. 眼影：除了三基色外，可以重叠淡粉红色的眼影。

c. 口红：不强调过多的色彩感，可直接使用唇蜜。

Miss M’s（清晨型）& Miss D’s（黄昏型）：水蜜桃色唇蜜

Miss A’s（午后型）& Miss N’s（黑夜型）：豆沙色唇蜜

靓妆

Dr. G-Color's Tip

【徐跃之教你这样选对色 Lipstick

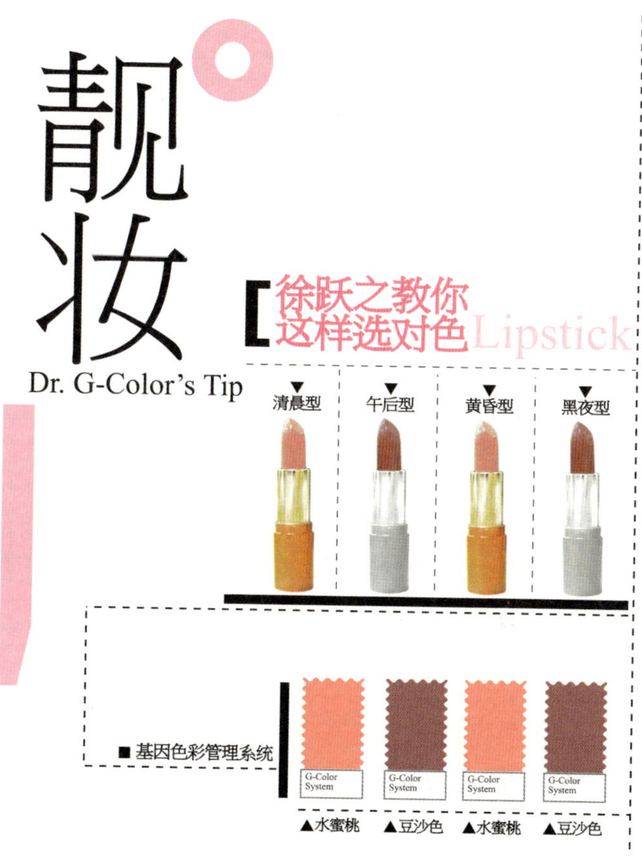

如何 Catch 他爱慕的眼光——上钩媚妆

1. 目的：想让他注意你，不是尽把鲜艳的色彩往脸上涂，那样只会适得其反；要 Catch 他爱慕的眼光，最好的方法就是把自己弄得简简单单且清新脱俗。

2. 注意重点：眼影及唇膏的色彩要协调，接近自己的基因色彩最理想。

徐跃之教你这样用 Dr.G-Color Tip

a. 眼影：用米白色打底，酪黄色处理层次，最后再用淡黄或浅绿色加以调和。

b. 口红：可选择比唇色色泽稍亮的唇膏。

Miss M' s（清晨型）：芭比红

Miss A' s（午后型）：香红色

Miss D' s（黄昏型）：褪红色

Miss N' s（黑夜型）：巴黎紫

媚妆

Dr. G-Color's Tip

【徐跃之教你这样选对色Lipstick

▲芭比红 ▲香红色 ▲褪红色 ▲巴黎紫

让他读你千遍也不厌倦——相恋美妆

1. 目的：两个人在一起只有相看两不厌才能维系甜蜜的关系。因此，你的妆容一定要美美的，要让他读你千遍也不厌倦。

2. 注意重点：从侧面试探，他最喜欢你怎么装扮自己；然后再以他的感觉来作为日后化妆的依据。

徐跃之教你这样用 Dr.G-Color Tip

a. 眼影：用米白色打底，酪黄色处理层次；再加上他喜欢的颜色。

b. 口红：可选择流行色，但以你自己的基因色彩范围内的唇膏色泽为宜。

基因色彩 LOVE 配方

以你的基因色彩及他的喜好为选色原则。

发挥你的爱情活力——热恋劲妆

1. 目的：色彩的表现应结合服装来发挥你对爱情的诚意与活力。

2. 注意重点：只要眼影与唇膏的色彩不是太过突兀，你就可以大胆地任意发挥。别想太多，因为这个时候你早已为爱情魅力四射。

徐跃之教你这样用 Dr.G-Color Tip

a. 眼影：用米白色打底，加上狂野的橘色或性感的桃红。注意颜色层次分明，别将它处理得看起来脏脏的。

b. 口红：以能够展现你的魅力双唇为宜。

Miss M’s（清晨型）：西子夕橙

Miss A’s（午后型）：罗马红

Miss D’s（黄昏型）：唐红

Miss N’s（黑夜型）：贵族红

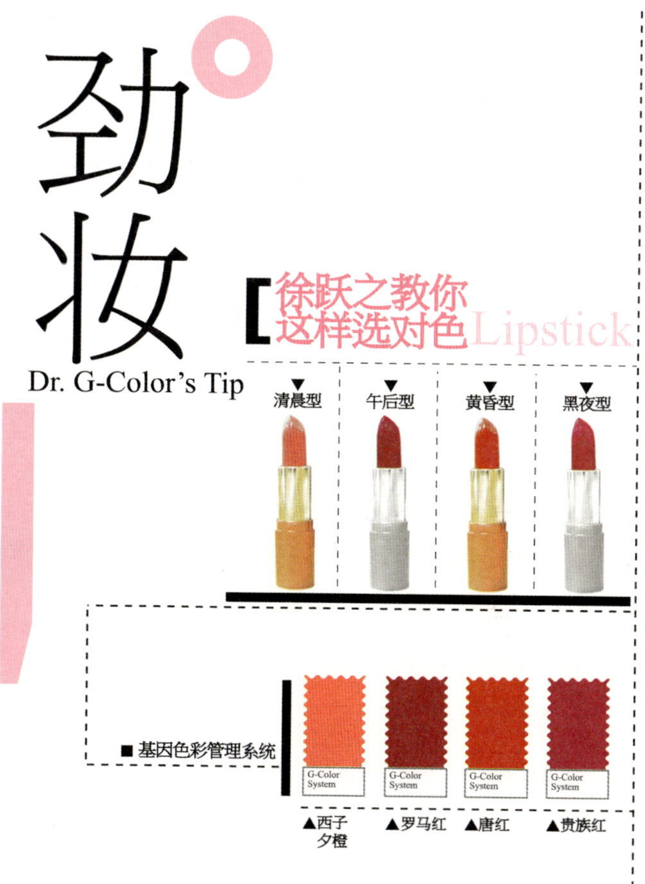
劲妆
Dr. G-Color’s Tip
徐跃之教你
这样选对色
Lipstick
清晨型
午后型
黄昏型
黑夜型
■基因色彩管理系统
G-Color System
G-Color System
G-Color System
G-Color System
▲西子夕橙
▲罗马红
▲唐红
▲贵族红

叛逆一下又何妨——性爱辣妆

1. 目的：吸引对方早已分心的眼神，最好让他发现身边竟然还有个浑身散发女人味的你。

2. 注意重点：强调你眼神的神秘感以及唇部的性感。

徐跃之教你这样用 Dr.G-Color Tip

a. 眼影：用米白色打底，酪黄色处理层次，再在眼窝处加上紫色眼影，并推至上眼睑。

b. 口红：用你的唇凸显你性感的一面，并注意完整地描绘唇型。

Miss M’s（清晨型）：酪金

Miss A’s（午后型）：卡门紫

Miss D’s（黄昏型）：桂褐色

Miss N’s（黑夜型）：毒药紫

辣妆

Dr. G-Color's Tip

徐跃之教你这样选对色 Lipstick

穿对色彩

爱情来敲门

{实例分享-1}穿错色彩，幸福难进来

王小姐是某电子公司会计部门的资深员工。由于工作时间固定，在这家公司工作的将近七年的日子里，她的生活相当规律，就连感情方面也平淡无奇。眼看家里的姊妹一个个嫁出去，仍待字闺中的王小姐心中不免为自己的情感归属着急。

从外貌来看，她并不应该没人追求：162厘米的身高，43公斤的体重，除了臀部稍稍丰腴些外，整个身材可以算是匀称；五官脸蛋也堪称秀气甜美。唯独令王小姐不满意的，大概就是自己那有些憔悴又略黄的肤色了。可是说来也奇怪，不只是她，同部门里的几位女同事似乎

也有相同的困扰。即使涂上口红，也掩饰不了难看的肤色。更有趣的是，她们公司的女性中，未婚的占了大多数。这究竟是什么原因？相信好奇的你一定想知道原因。

色彩大夫诊断

在应邀为这家公司做基因色彩企业培训时，我发现女性职员的制服色彩搭配得相当“抢眼”，说得更贴切些是“锐利”——雪白色的衬衫搭配葡萄紫的背心及两片式窄裙。我觉得她们这样配色也许是为了让员工振奋精神吧！

若单单就色彩的搭配来看，这样的配色并没有太大的问题，只是大多数女性员工穿起这套制服后都感觉自己的肤色很奇怪。可见问题就出在“人”上。当初公司评选制服，服装设计师将衣服穿在木制的人形模特儿身上。然而模特儿是没有生命的衣架，不论穿什么、配什么，只要不是太突兀，都不会难看到哪里。但是你别忘了人是有生命的个体。每个人的基因所创造出来的个人特质，包括肤色、五官线条、眼神、身材与性格等会因此而有所差异。

虽然是同样颜色的制服，但穿在不同人的身上，也会有好与坏的比较，这就是所谓的基因色彩。

为她们做完色彩鉴定后，我发现她们公司属于暖色系清晨型及黄昏型的人占大多数。这类基因色彩的女性肤色通常偏白皙，或者略微偏黄，而且日晒后肤色较不均匀，有脏脏的感觉。所以，当她们穿上公司的制服（雪白色的衬衫配葡萄紫的背心套装）时，肤色看起来相当苍白。而占少数的寒色系午后型或黑夜型的人穿起这套制服时，相比显得更出色、更精神。有趣的是，这几个少数的寒色系女性不是已婚就是拥有不错的感情生活。其实，这都是色彩能量在影响女人的爱情磁场。

色彩大夫处方签

王小姐属于暖色系清晨型的女性。由于长时间穿着不适合自己基因色彩的制服，她变得没什么自信。我们都知道男人是视觉动物。他们也许没有完整的审美概念，但是人对色彩的敏锐感觉有时候是连自己都说不上来的。因此，公司的男同事在长时间的相处后，对她们这些穿着错误色彩的女性同事并未产生太多情感上的兴趣。

感情的产生本来就需要视觉的刺激与想象。因此，我建议王小姐在休闲的时候，多穿属于自己清晨型基因色彩的服装，并搭配内衣来调整自己的爱情磁场。例如，初期时，先用粉蓝色洋装来改善自己肤浅的人际关系，再用熏衣草紫的内衣与外套来强调自己期待爱情的来临。半个月之后，王小姐发现自己已不再像以往那样逃避年轻人应有的社会关系了。后来，她因工作关系认识了在银行工作的林姓男友，并在当年底论及婚嫁。

穿对了爱情的色彩，了却了王小姐长久以来所期待的情感归属心愿。从这个案例来看，色彩的确和女人的爱情有很密切的关系。

{实例分享 -2} 穿对色彩和女人的爱情有什么关系

刘小姐今年 38 岁，未婚，是自己开店的美容师，有三次恋爱经验，但是每个追求者都不是她期待的那个 Mr. Right，因为她的这几个男朋友不是已有固定的伴侣，就是有妇之夫。这样的恋情本来就不会有结果。几番下来，她把自己的感情生活弄得狼狈不堪。

这样的恋情绝对不是刘小姐期待的。然而，为什么她会在感情的路上走得如此颠簸坎坷呢？她自己也找不出原因。问题究竟出在哪里？她也曾怀疑是因为自己在装扮上不够出色。但是，身为美容工作人员的她本就很注重自己的装扮。只是，她的朋友们都觉得她的妆化得太浓，给人感觉太冷艳，缺少一份活力；穿

着也让人觉得沉重，好像少了点什么。一次和朋友闲聊时，她听说了基因色彩，便产生了非常大的兴趣。她认为也许真的可以在色彩上做些改变，让自己变得不一样。

色彩大夫诊断

刘小姐平常的穿着多以正式的套装为主，衣服总脱离不了咖啡色、铁灰、黑色之类的颜色。因为她觉得自己从事专业的工作，应该穿得严肃一点，而且觉得自己的皮肤较黑，穿这些色彩可以看起来稍白一些。这样的用色让她看起来苍白而憔悴。因此，她化妆时附加了更多的修饰，尤其是在粉底方面，往往都打得特别厚，看起来不自然。

从刘小姐的外形条件来讲，她应该算是平均水平之上的女性，根本不需过度修饰。但她对自己信心不足，所以想借那些较为深暗的色彩来强调自己的专业性。但是，这样的做法反而无法释放她真正的魅力和能量。难怪她无法吸引正面情感磁场的男性来接近她、追求她了。

这样的结果不禁让人感到可惜。

每个人都有属于自己的基因色彩。刘小姐则属于午后型——身材匀称，肤色较深，五官线条给人温和且清新的感觉。因此，她并不适合大地色系的颜色。色彩跟人原本就有密不可分的联系，如果一个女人长时间把不对的颜色穿在身上，当然无法发挥她真正的魅力。

色彩大夫处方签

我见过刘小姐后，建议她不妨在工作时多穿清爽淡雅的服装，诸如紫罗兰紫、湖水绿、柠檬黄及巧克力色等颜色；至于衣服款式，用连衣裙来取代原有的正式套装，再加西装外套或轻软的开襟罩衫。在情感方面的穿着，由于刘小姐无法接受淡淡的粉橘色（其实午后型的女性并不适合淡粉橘色），我建议她使用和粉橘色能量相同的，Hello Kitty 的粉红及粉桃红之类颜色的服装。刚开始她确实有些排斥，但是经过我不断地做心理工作，她慢慢地接受了这些色彩。她的改变的确让身边的朋友和顾客刮目相看。大家都惊讶刘小姐原来可以让人感觉如此年轻有魅力。最重要的转折还不是这里。第二个月，在一次美容师的餐会中，她认识了一位在某公立医院服务的专科医师。俩人在相识半年后决定结婚。婚后，刘小姐协助她的先生开了一家小区诊所。他们的生意还真不错呢！

说明：以上案例为了尊重当事人，经其同意后化名刊登。如有雷同，纯属巧合。

Chapter 3

七彩能量，
色彩大夫帮你变漂亮

色彩减重套餐

材料：

红色及淡绿色透明玻璃杯各一个

深绿色餐具一套

深蓝色桌巾一条

紫色上衣或内衣一件

做法说明：

1. 每次即将进食时，先喝一杯用红色玻璃杯装的温开水，一至两分钟后再开始用餐。

2. 盛装食物皆用深绿色餐具为宜，并铺上深蓝色桌巾。

3. 若希望减少用餐次数来抑制饥饿，那可以在早餐后和午餐前喝一杯用浅绿色玻璃杯盛装的温开水，以降低饥饿感。

4. 一般来讲，最容易导致发胖的莫过于临睡前大吃大喝。如果你是个无法控制自己不吃夜宵的人，那么你可以换穿紫色上衣或紫色内衣，并想象胃里充满紫色，以产生饱腹的感觉。

适用对象：

这组色彩减重套餐适用于比较不爱运动的黑夜型。黑夜型或黄昏型的女性多半不太容易发胖，发起胖来也胖得非常均匀。因此，她们最适合采用针对不爱运动的黑夜型设计的色彩减重套餐。其实每个人对美的标准及看法都不同，不见得瘦就一定好看、胖就一定不美。从专业的角度来看，女人的美，应该建立在健康和自信之上。如果你纯粹为了追求世俗的标准而伤了身体，那么这样的美就大可不必强求。更何况许多好男人还真的特别喜欢有些肉肉的女性呢！

色彩塑身套餐

材料：

红色透明玻璃杯一个

深绿色餐具一套

深蓝色桌巾一条

做法说明：

1. 用餐前，先喝一杯用红色玻璃杯装的温开水来促进体内的血液循环，三分钟后即可开始进食。

2. 在色彩塑身期间，无论你所吃的食物是什么，请尽可能用深绿色餐具盛装，因为深绿色可以降低脂肪的吸收。同时，在餐桌上铺一条深蓝色桌巾，因为深蓝色可以减缓消化，延长饱足的时间，减少对食物的过分摄取。

3. 如果你没有太多时间运动，那么不妨在用餐两小时后做些简易的室内运动。运动前喝半杯用红色玻璃杯装的温开水。如此持之以恒，一个月至一个半月将可塑出你所期待的完美体形。

适用对象:

这组塑身套餐适合清晨型与午后型的女性使用。就基因的呈现来看，清晨型女性的臀部及大腿部分容易发胖，因此为了配合色彩塑身套餐，你可以做一些提臀抬腿的运动。午后型女性的腰部及臀部比较容易堆积脂肪，所以不妨做一些仰卧起坐或侧身弯腰的运动。每天运动的时间最好能持续二十分钟以上，而且每次运动的间距不要超过三天。如此就会有让你不可思议的塑身效果。要特别注意的是，千万不可以吃宵夜。如果克制不了吃宵夜的习惯，可以参考色彩减重套餐的做法，将会有不错的效果。

如果你已经试过各种减肥方法，却都没有太好的成效，那么不妨来试一下上面讲的两种。没有后遗症，也不必花大钱的色彩减肥法。在各种美好的色彩陪伴下，“减重”竟成为一件浪漫的事。你说这世界上还有什么比懂得用颜色更幸福的呢？！

色彩养颜套餐

材料：

白色窗帘

粉红色被套

粉红色洋装或内衣

（各光源型的粉红色配方是清晨型和黄昏型的粉橙色，午后型的淡粉红色，黑夜型的粉桃红色。）

做法说明：

1. 在你自己的寝室窗户或落地窗上挂可以透光的白色蕾丝窗帘。

2. 在色彩养颜期间，临睡前或起床后，不妨对着自己的粉红被单凝视三分钟，并在心中告诉自己：这是对青春保持有益的色彩能量。

3. 如果不影响工作，可在星期三至星期五任选两天，身着粉红色的洋装。若能同时穿粉红色内衣，效果会更不错。

效果：

白色是个健康的色彩，它有利于对人体有益的光源进出。因此，在白色蕾丝窗帘的映照下，女性会比较健康，不容易老化。

粉红色可以促进女性荷尔蒙的分泌。因此，常常穿粉红色衣服或内衣的女性，肤质通常比较细致粉嫩，给人感觉年轻。当然，如果能够配合适当的清洁与简易的保养，那么会把粉红色的青春能量发挥得更好。

还要特别注意：如果你有针灸的习惯，暂时就不要穿粉红色衣服了；否则，它容易让你晕针，那么结果就不妙啰！

色彩月月安套餐

色彩帮你做个没有生理期困扰的粉红佳人

老天爷在创造人类的性别时，其实就不是公平的。我们姑且不去计较外貌及体形的差异，就是在生理方面，女人跟男人也有着巨大的差别。尤其每个月总要有一次的生理期，让身为女性的你们相当困扰。

有时我真庆幸自己不是女人。请别误会，我决无藐视或瞧不起女性的意思，是因为我觉得女人实在太辛苦，同时也太伟大了。难怪有人说，女人是上帝精心创造的高等动物，而男人只是上帝粗制滥造的多细胞生物，简简单单的构造及功能实在不值一提。和女人精致且复杂的生理构造比起来，男人真的是低等生物。

我想女性就是有着传承与延续生命的天性，所以生理现象才显得丰富多采。只是，如何才能顺利又愉快地度过这恼人的月事期呢？除了慎选适合自己的卫生巾和护垫之外，你还可以借由穿着和配色产生的能量来让自己快乐地度过恼人的生理期。

女性在月经来临前通常会感到焦虑和暴躁，甚至有坐立不安的情形，在月经期间更会感到情绪不稳或有压力，产生失落和孤单的感觉，性格也变得喜怒无常、矛盾沮丧或紧张兮兮的。这些症状在医学上称为“经前症候群”。其他可能会发生的症状有头痛、腰酸背痛、皮肤敏感、长面疱以及恶心和饮食不正常等。

月经期间的疼痛一般称为“痛经”，通常发生在下腹部。女性朋友可将热水袋或热敷垫敷于下腹部，以放松该部位的肌肉，同时不妨穿淡绿色宽松的洋装，外出散散步，并饮用含低咖啡因的茶，洗个温水澡，做些较为和缓的运动。

在月经即将来临或刚刚开始时，女性体内的子宫内膜萎缩，雌激素与孕激素减少。这样会使多余的水分留存在身体里，造成身体浮肿及乳房胀痛。因此，这段时间会有体重增加的情形。但是，先别沮丧，这都是荷尔蒙的作用。在月经过后，这些增加的体重会随着激素变化而快速地代谢掉。假使你觉得自己有发胖的兆头，就别让自己的衣服过于宽松，选择一些较为合身的服装来穿，避免让自己有松懈的借口；同时衣服的色彩以清淡明亮为宜。

在月经莅临期间，还可以多穿着粉红色的内衣及外服，因为粉红色有助于女性荷尔蒙的分泌，也可以缓和生理期情绪过度反应的现象。所以，正确掌握与了解了经前症候群与自己的月经周期，相信你必然可以妥善处置。这些经期恼人的症状通常在月经过后就会很快消失，所以别忧惧。毕竟，这是一个真正的女人才能享有的生理特权，粗糙的男人是无法体会和感受的。

生理期该建立的心态

女性的月经现象并不是肮脏或见不得人的。你自己要非常清楚地知道，月经是女性发挥母性特质的前置力量。这种力量和特质是男人与第三性不可能有的。月经象征着女性具备生育的能力，是生命得以延续的条件。有规律的月经，是女性身体功能健全发挥的一种喜悦。你能不为这与生俱来的特质感到骄傲和珍惜吗？如果你无法建立自信和自尊，那么可以在月经来的前一两天穿紫色为主的服装，来创造对自我的认同心。

生理期你可能会遇到的困扰

1. 肤质变差，容易长青春痘。
2. 痛经严重到可能会晕倒，容易拉肚子或便秘。
3. 嗜睡且容易感到疲劳。
4. 喜欢吃东西，特别是甜食。
5. 生理期第一天最不舒服，后几天情况好转。

生理期多补充哪些食物最理想

1. 巧克力可以补充你所需要的热量。

2. 红豆汤、茶、酸奶及温牛奶可以减轻疼痛。

3. 蔬菜，水果，谷类食物，面食，面包，豆制品，鱼肉，鸡蛋及其他维生素、矿物质、钙、铁含量较高的食物。

生理期哪些食物不能吃

1. 尽量避免生冷食物。

2. 减少盐分的摄取可缓解经前症候群。

3. 垃圾食物少碰为妙；可预防肥胖。

4. 少喝含酒精的饮料。

材料：

绿色宽松的运动服或睡衣

淡绿色内衣

蓝色的床单及被单

淡紫色的套装或休闲服

粉红色洋装

做法说明：

1. 在生理期前两天，尽量将原有的床单及被套换成蓝或深蓝色，这样有助于缓解生理期的身体痛楚。

2. 从生理期第一天开始，临睡前不妨换穿淡绿色宽松休闲服或睡衣。这有助于平缓生理期间不稳定的情绪。

3. 在生理期的过程中，尽量穿着淡绿色内衣，可减少冒青春痘的几率。

4. 在生理期结束前一天，适宜穿淡紫色套装上班或外出，如此可以提醒自己是受尊重的。

5. 在生理期中，最好是粉红色与淡紫色的服装交替穿着。如果只着粉红色洋装，可以暗示身旁的人对你多一点关心与呵护。

生理期不顺，该用什么颜色?

生理期不顺会带给女性不少困扰，也会让许多女性感到担心。所以，如果想让自己的生理期顺畅没有麻烦，可以在周一至周二、周四至周五穿红色或橘色的内裤，以减轻生理期不顺。

Miss M’s（清晨型）：朱红或橙色

Miss A’s（午后型）：西瓜红或紫红

Miss D’s（黄昏型）：橙红色或橙色

Miss N’s（黑夜型）：辣椒红或桃红

恋爱失眠套餐

你是否开始为爱辗转难眠呢？如果有，表示你已经患了“恋爱失眠症”了！在一段美好的恋情开始时，必须把身体和精神照顾好，别为爱情伤风又感冒，那可就不好玩了。

现在就让徐跃之为你在恋爱初期特调一份恋爱失眠套餐，好让你快快乐乐地走进爱的世界。

主要材料：

淡蓝紫色的枕头

做法说明：

当失眠的时候，你可以头枕淡蓝紫色的枕头，躺在床上，并轻轻地闭上眼睛，想象整个房间充满了淡蓝紫色，同时，放缓呼吸的速度，吸进淡蓝紫色，吐出淡黄色。如此借由色彩的冥想与呼吸，便可以减轻失眠的症状，从而拥有好品质的睡眠。

吸进淡蓝紫色可以镇定你紧绷的神经，达到放松的目的。

吐出淡黄色可以让心情愉悦，增强客观思维能力。

黑

第一次约会穿黑色的男人？你以为他们很酷，不容易亲近，像坏人一样？那你就错了。约会时穿着黑色的男人，表面虽然冷漠、难接近，其实内心很低调、害羞。他们只是想藉由黑色来隐藏自己内心的忐忑和不安，甚至希望自己的情绪不要马上被察觉。

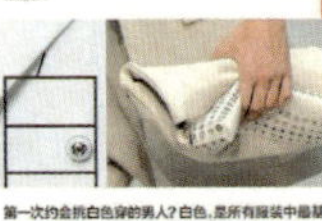

白

第一次约会挑白色穿的男人？白色，是所有服装中最基本的色。若以男性的衣柜来看，内衣和衬衫多半是白色，所以很多不愿意花脑筋思考的男人，多半会选白色。

红

如果第一次约会，他穿了红色？那么你要有心理准备，他绝对是外貌协会的荣誉会员。他们对自己要求很高并且非常重视美感，不但希望你有天使脸孔，还要你有一副魔鬼身材。如果你是？他可能在彬彬有礼跟你谈天的同时，就已经在脑袋里偷偷上演一幕幕和你亲密的画面了。

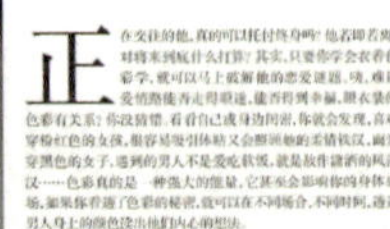

正

透过察颜观"色"可以快速了解一个男人，看他到底是不是你的Mr. Right，是不是可以放心交往，我这就教你！

第一次约会，从他穿的主色调看透他的心！

黄

我们从人类最初接触的第一道光"黄色"聊起。在我们的印象中，黄色是像阳光一样的颜色，所以第一次约会就穿着黄色衣服赴约的男人，通常会是个步调快、有自信，甚至希望所有焦点都在他身上的人。

他不在乎你是否注重打扮，也不太关心你有没有开名车、住洋房，他在乎的是你和他的观念能否相通？可否聊得来？他喜欢发表意见，也喜欢展现自己的才华，所以容易让人感觉他主观又自我。因此如果你有跟他不同的想法，小心喔！他一定会设法说服你，因为他深信自己的见解最正确。所以，你一定要有过于常人的包容和耐心，否则小口角就是家常便饭了。

凡事重视条理及逻辑思考，让这种男人总是无法跟浪漫画上等号。所以，第一次约会，如果他告诉你今天用餐我们各付各的，你千万别惊讶，他们就是如此精打细算，除非他事先告诉你今天由我请客，否则在他的观念里，如果你还不是他的女朋友或老婆，他是不会帮别人养老婆的。

因此像他这样凡事理性思考的男人，除非你也有相同的认知，也缺乏感性思考，甚至也不爱搞浪漫，否则，建议你还是先跟他从普通朋友做起，这样你才能慢慢发现，其实他还有很多你第一次约会时没发现的优点。

蓝

男人的衣柜里绝对都有一件蓝衬衫或是蓝T恤，只是蓝色没有我们想得那么简单，因为它有不同的层次，浅蓝、蓝和深蓝。提醒你，不同层次的蓝，它们象征的心理涵义也大不相同。

一眼看穿他

爱情要察言更要观"色"！

美女身旁从来不缺追求者，但重点是，她们不怕没人追，就怕遇的人不对！与其守着男人追，不如先练就一双透视男人的慧眼。台湾著名"色大夫"徐跃之，教你从男人最爱穿的颜色，一眼看穿他的心。

一分钟认识徐跃之

他首创东方人色彩学"基因色彩"，并曾担任L'Oréal Paris、Givenchy、资生堂、梵歌尔等国际知名品牌的色彩大师，媒体誉称他为"色大夫"，他善用色彩为现代男女把脉，帮他们解决爱情、事业、亲子、健康等疑难杂症。

粉红

第一次约会，他穿了粉红色。大男人穿粉红色约会？相信会有两极化的反应，喜欢的人会觉得赏心悦目，不喜欢的人，会觉得很不男不女不像man？

橘

第一次约会就穿橘色的他？橘色，给人感觉就是好亮！所以一般男人应该不会轻易穿上它，因为它会让人觉得不稳重。

不过，在第一次约会就穿着橘色的男人，他的幽默、乐观是无庸置疑的。就像前面提到的，橘色是一个喜悦、高明的颜色，除非有特殊目的，否则很少有男人会把它穿上身。由此可知，他并不是抱着谈恋爱的心态来和你约会的，与其说他想交往，不如说他更希望跟你交朋友。

穿橘色的男人个性乐观爽朗，不喜欢钻牛角尖也不爱想太多，宁可在人前出糗也不想解释太多。在人前可以幽默自己、欢乐别人，所以只要有他在，就会有欢笑，因为他希望每个人都能因为他而得到快乐。

然而，不爱负责、不给承诺也是他们的特质，即使如此他也会把自己所做的事情合理化，恋情像蜻蜓点水，一段换过一段，就是不爱探究，因为他们害怕压力，只要有压力他们就会逃避。所以，如果你想和他们谈恋爱，一定不要问他"何时把我娶回家"，抱着且行且珍惜的态度，反而容易走下去。

绿

他第一次约会穿绿色，除了休闲服外，很少人会在正式场合穿着绿……男性更是不容易见到。所以，如……他在第一次约会穿绿色，你就……以很确定，这个男人毫不造作……个真性情、不伪装且踏实的人。

……如果硬要挑他的毛病，只有两点：

1. 不够积极，他认为生命就是一种享受，为何要搞得……辛苦？

2. 鸡婆，因为他关心你，对你的爱也是真实的，所以他……唠叨叨你，所有对你有帮助的事，反复地交代和提醒会让……招架不住。

如果以上两项你都能接受？那么，在你心目中，他绝对……一百分的好对象！

任何一个人，当他从衣橱里选一件衣服穿上时，就已经投……内心的动机和想法了。什么人穿什么颜色，全由性格决定。

图书在版编目（CIP）数据

跟着色彩大夫学搭配 / 徐跃之著．—南京：译林出版社，2015.7

ISBN 978-7-5447-5483-5

Ⅰ．①跟… Ⅱ．①徐… Ⅲ．①服装色彩－服饰美学 Ⅳ．① TS941.11

中国版本图书馆 CIP 数据核字（2015）第 108591 号

书　　名　跟着色彩大夫学搭配
作　　者　徐跃之
责任编辑　王振华
特约编辑　申丹丹
出版发行　凤凰出版传媒股份有限公司
　　　　　　译林出版社
出版社地址　南京市湖南路 1 号 A 楼，邮编：210009
电子信箱　yilin@yilin.com
出版社网址　http：//www.yilin.com
印　　刷　北京京都六环印刷厂
开　　本　787×1092 毫米　1/32
印　　张　7.5
字　　数　35.5 千字
版　　次　2015 年 7 月第 1 版　2015 年 7 月第 1 次印刷
书　　号　ISBN 978-7-5447-5483-5
定　　价　35.00 元